本书受国家自然科学基金青年项目"农户测土配方施肥技术规范使用行为的信息强化机制与应对政策研究（72203125）"资助

农户绿色生产技术的初次采用与持续性行为研究

余威震　罗小锋　著

中国农业出版社

北　京

农业绿色生产技术的采纳与应用，是实现我国农业绿色可持续发展的重要途径，也是妥善处理农业经济效益与资源环境容量之间关系的关键环节。化肥作为粮食的"粮食"，对我国粮食生产"十九连丰"作出了重要贡献，但不可忽视的是，化肥的过量施用、盲目施用，已经成为制约我国农业绿色发展的重要因素之一。如何破解这一难题也成为当前社会各界关注的焦点。

测土配方施肥技术，作为一项"缺什么用什么，缺多少用多少"的绿色生产技术，在节本增效、保护环境等方面表现出独特优势，理应成为推进化肥减量替代、实现农业绿色发展的关键措施。各级政府和部门为推广测土配方施肥技术，进行了大规模人力、物力投入，从20世纪80年代开始组建土壤肥料分析化验室、配备专业技术人员，对上亿个土壤样本进行检测分析，并对氮磷钾以及中微量元素的肥料协同效应进行了田间试验；2005年中央一号文件中首次提出"要加大对土壤肥力检测，推广使用测土配方施肥技术"，农业部和财政部联合开展测土配方施肥试点补贴资金项目；随后整建制推进测土配方施肥、农企合作推广配方肥、开发和推广测土配方施肥手机信息服务系统等系列工作并不断予以深化。然而，测土配方施肥技术经过多年推广，依然面临着农户知晓率低、采纳率不高的尴尬局面。对此，学界开展了多项研究。

纵观已有研究，多是对农户测土配方施肥技术采用行为进行静态分析，忽视了技术采用行为的阶段性特征，将初次采用行为与持续采用行为并为一谈。而在不同阶段，农户技术采用行为的发生机理并不相同，且主要影响因素也存在较大差异，若在实际研究中对农户技术采用行为不进行阶段上的区分，以此得出的研究结论必然有偏，对现有农技推广政策的优化无法提供应有的帮助。鉴于此，本书以长江中下游地区农户作为研究对象，基于微观调查数据，以测土配方施肥技术作为农业绿色生产技术代表，厘清农户绿色生产技术初次和持续采用行为的形成机理。

本书主要由四部分构成。

第一部分，理论基础与分析框架构建（第一、二章）。主要通过现实问题的总结和文献研究的梳理，对本研究的背景进行相关阐述，进而提出需要解决的关键问题，即如何促进农户绿色生产技术的采用与持续应用。为了科学回答这一问题，首先对研究所涉及的核心概念，包括绿色生产技术、技术采用行为、期望确认等，进行界定和说明，进而利用农户行为理论、农业技术推广相关理论、持续使用模型等经典理论，构建出以"技术认知—行为细分—机理解析"为逻辑主线的理论分析框架，指导后续研究的开展。

第二部分，农户技术认知与采用行为细分（第三、四章）。认知是技术采用行为发生的重要前提，在对测土配方施肥技术各环节进行细分的基础上，从整体认知与环节认知出发，分析农户对测土配方施肥技术是否存在认知偏差，以及认知偏差对技术有用性和易用性感知水平的可能影响，为准确识别影响技术采用行为的关键因素奠定基础。进一步地，考虑到初次采用行为与持续采用行为的发生机理存在差异，需要对农户测土配方施肥技术采用行为进行细分。基于行为概念与关系辨析两个维度，从理论层面对农户测土配方施肥技术初次采用行为与持续采用行为进行分析和阐述，并进一步从个体特征和生产经营特征对两种技术采用行为的样本进行对比分析，以验证两种技术采用行为的发生机理及其分开讨论的必要性和重要性。

第三部分，农户技术采用行为发生机理检验（第五、六、七章）。厘清农户测土配方施肥技术初次采用和持续采用行为的发生机理，是本研究的核心内容。事实上，无论何种技术采用行为，均是农户基于多方面因素综合衡量后所做的理性决策，不同的是初次采用行为和持续采用行为发生时所处的情境有所不同，进而造成关键影响因素的不同。因此，需要构建不同的理论分析模型，开展针对性研究。对于初次采用行为，基于风险规避理论、农业推广框架理论，从技术推广环节细分视角出发，探讨服务供给、技术认知对农户测土配方施肥技术初次采用行为的可能影响；对于持续采用行为，则基于扩展的持续使用模型，结合测土配方施肥技术的绿色属性，即应用测土配方施肥技术可以兼顾经济效益和环境效益，重点探讨经济维度期望确认、环境维度期望确认对农户测土配方施肥技术持续采用行为的影响。进一步地，从农户与农技推广服务主体之间广泛存在的信息不对称这一基本事实出发，对影响农户测土配方施肥技术期望确认的关键因素进行深入探讨和分析，为实现农户技术持续采用的政策制定提供可行思路。

第四部分，研究结论与政策启示（第八章）。通过对本研究主要结论的归纳总结，进一步从区分技术采用阶段提高技术推广针对性、改善技术采用的外部环境提升技术应用效果、加强宣传和引导提高农户认知能力三个方面提出相应的政策建议，促进农户对以测土配方施肥技术为代表的绿色生产技术的积极采用与持续应用。

本书强调理论知识与生产实际相结合，既有关于农户行为决策的相关基础理论，也有关于测土配方施肥技术的发展历程与农户实际应用案例的介绍，因此适合资源与环境经济学和农业经济管理专业研究生参考，也可供广大农技推广人员学习参考。

余威震

2023 年 7 月

目　录
Contents

1

第一章 导论

一、研究背景

（一）农业发展绿色转型要求生产方式绿色化

面对农业资源趋紧、生态环境问题突出、生态系统功能退化等农业发展新形势，依靠化肥、农药、地膜等化学品的大量投入来实现粮食增产的粗放型发展方式已不再可持续。加快农业发展绿色转型，成为缓解农业经济增长与生态环境保护之间矛盾关系的必然选择，更是推动农业供给侧结构性改革、保障国家粮食安全、实现农业高质量发展的重大举措。据《第一次全国污染源普查公告》显示，2007 年我国农业总氮（TN）、总磷（TP）和化学需氧量（COD）排放量分别为 2.705×10^6 吨、2.847×10^5 吨和 1.324×10^7 吨，分别占总排放量的 57.2%、67.4% 和 43.7%；据《中国环境年鉴 2016》显示，到 2015 年，全国农业总氮、总磷和化学需氧量排放量依旧高达 4.613×10^6 吨、5.468×10^5 吨和 1.069×10^7 吨。农业面源污染量大面广，同时具有分散性、随机性、隐蔽性等特点，这进一步加剧了对农业农村生产和生活环境的影响，成为我国亟待解决的环境问题。

为此，人们越来越意识到农业绿色发展的重要性和紧迫性，纷纷呼吁以绿色生产技术革命实现生产方式的绿色化，通过发展绿色经济来妥善处理农业经济发展和生态环境保护之间的矛盾。其中，以绿色、环保、节约的生产方式代替传统粗放式生产方式是实现农业绿色发展的必经之路，也是贯彻落实人与自然和谐相处的新发展理念的重要落脚点。自 2016 年起，连续多年的中央一号文件均明确指出，要加强对农业环境突出问题的治理，推行农业绿色生产方式，最终推动农业绿色发展。此外，《农业绿色发展技术导则（2018—2030年）》中更是明确指出，应通过"转变科技创新方向……构建支撑农业绿色发展的技术体系"，以农业绿色生产技术的推广和运用，来破解农业农村资源环境突出问题，从而加速推动农业发展的绿色转型。

（二）测土配方施肥技术是典型的绿色技术，但采用率不高

化肥作为粮食的"粮食"，对实现我国粮食连年增产、保障国家粮食安全起到了十分重要的作用（王祖力，肖海峰，2008），但与此同时，由于化肥的过量施用、盲目滥用等不合理行为，造成了土壤板结、水体富营养化等一系列严重的环境污染问题（Huang，Rozelle，1996；仇焕广 等，2014；纪月清 等，2016）。无论是基于自然科学试验，还是基于经济学视角，不少学者针对我国粮食生产过程中化肥过量施用程度进行了测算（张林秀 等，2006；张福锁 等，2008；Luan，Qiu，2013；史常亮 等，2016）。例如，孔凡斌等（2018）基于C-D生产函数，测算得到我国水稻、小麦和玉米生产化肥过量施用程度分别为43.48%、34.58%和32.76%，而从自然科学角度测算出的化肥过量施用程度更高，达到了70%以上（朱兆良，2000）。化肥减量增效已成为当前我国农业绿色发展中亟须重视的问题。

测土配方施肥技术作为一项"缺什么补什么、缺多少补多少"的科学施肥技术，在节本增效、保护环境等方面表现出独特优势（张福锁，2006），理应成为实现化肥减量增效、改善农村生态环境的重要措施。但现实情况不容乐观，测土配方施肥技术采用率不高，无法广泛被农户采纳和应用。不少研究指出，农户测土配方施肥技术采用率很低，甚至不足1/3（褚彩虹 等，2012；张聪颖，霍学喜，2018；张复宏 等，2017）。蔡颖萍、杜志雄（2016）基于全国1 322个家庭农场的调研数据发现，新型农业经营主体作为有知识、有能力的一类群体，其测土配方施肥技术采用率也仅有六成左右。然而，"人均一亩三分地，户均不过十亩田"的小农经营模式依然是我国基本的且是需要长久面对的国情，小农户的技术采用率更是不尽如人意。一项基于全国11个省份调研数据的研究指出，2016年采纳测土配方施肥技术的样本农户仅占19.3%。面对如此低下的技术采纳率，如何扭转现状、发挥测土配方施肥技术的应有作用，已成为社会各界，尤其是农业从业者、政策制定者需要面对和解决的难题。

（三）测土配方施肥技术的推广政策效果不及预期

测土配方施肥技术以其科学施肥、精准施肥的特点，无论是在追求农业产量的早期阶段，还是如今兼顾农业产出和生态环境保护的阶段，均成为各级农业部门的主推技术，相继推出各类农技推广政策。2005年，农业部先后制定了《测土配方施肥春季行动方案》《测土配方施肥秋季行动方案》，同年与财政

部联合实施了"测土配方施肥试点补贴项目",在全国选取 200 个县开展相关试点工作。此后,连年扩大试点县数量和资金补助金额,至 2009 年项目试点县基本覆盖全国所有的农业县。随着现代信息技术的发展和普及,在 2013 年,农业部种植业管理司、全国农业技术推广服务中心在吉林长春召开了全国测土配方施肥收集信息服务现场会,首次提出要求各地尽快开发和推广测土配方施肥手机信息服务系统,充分利用现代信息技术,创新发展技术推广模式。

总之,各级政府、各部门为推广测土配方施肥技术,大规模地进行人力、物力投入,但从实际推广效果来看未能达到预期。农户作为农技推广的主要对象,同时也是测土配方施肥技术采用的关键主体,其技术采用率不足 1/3(褚彩虹 等,2012;张聪颖,霍学喜,2018;佟大建 等,2018)。更为关键的是,采用率不高的现象在测土配方施肥项目试点地区同样存在,以安徽省为例,相关项目数据库数据表明总体采用率只有 31.65%,其中中稻种植户采用率最高,为 47.33%,油菜种植户最低仅为 21.37%(王世尧 等,2017)。此外,推广效果不及预期也表现在其他方面,例如农户对测土配方施肥技术了解程度不高,仍有 56% 的样本农户未曾听说(王思琪 等,2018;谢贤鑫 等,2018);配肥点鱼龙混杂、配方肥质劣价高,降低了农户对配肥点和测土配方施肥技术的信任(李莎莎,朱一鸣,2017)。各方面的不足,最终导致了测土配方施肥技术推广效果不佳。不可否认的是,农技推广服务体系是政府支持农业的重要政策工具,因此非常有必要从测土配方施肥技术推广的角度做出优化和改善,促进该项技术的推广与应用,以真正发挥出测土配方施肥技术的经济效益和环境效益。

二、研究目的与意义

(一) 研究目的

(1) 将测土配方施肥技术推广细分为测土、配方、配肥、供应和施肥指导共 5 个环节,在探讨各环节之间相互联系的基础上,准确掌握农户对测土配方施肥技术以及各技术环节的了解和认知情况,以判断农户对测土配方施肥技术是否存在认知偏差现象,从而回答测土配方施肥技术覆盖率与农户知晓率之间存在较大差距的根本原因。

(2) 农业生产的不确定性决定了农业技术采用存在阶段性的特点,而技术采纳强调某一阶段的静态决策,只有通过持续采用绿色生产技术,才能从本质上对传统农业生产方式产生影响,从而有效促进我国农业发展的绿色转型和升级。利用微观调查数据，对样本区域农户测土配方施肥技术采用行为进行细分，并从农业技术推广视角，探讨服务供给、技术认知对初次采用行为的影响，以及期望确认、自我效能、便利条件、满意度等对持续采用行为的影响，深入剖析两种技术采用行为的发生机理，以期为实现绿色生产技术的持续应用提供理论指导和经验借鉴。

（3）对测土配方施肥技术只知其一不知其二，必然会影响技术预期效果的实现，从而阻碍农户持续采用测土配方施肥技术。为此，本书从经济维度和环境维度两方面，考察农户对测土配方施肥技术的期望确认水平，并基于信息不对称理论，探讨农技推广服务质量、科学施肥认知对农户期望确认的影响，为提高技术推广效率、加强测土配方施肥技术应用提供针对性建议。

（二）研究意义

从理论意义来看，主要体现在三个方面：第一，从技术推广细分环节视角展开研究，有助于深化对农户技术认知、技术采纳行为的研究，将传统的笼统性研究转为精准性研究，并进一步从技术推广细分环节视角探寻农户技术采用行为的激励机制，有助于深化对农技推广体系作用的理解和认识；第二，关注到技术采用行为的阶段性特征，将技术采用行为划分为初次采用行为和持续采用行为，并进一步识别出影响两种技术采用行为的关键因素，厘清两种技术采用行为不同的发生机理；第三，将扩展的持续使用模型引入到农户行为研究，既实现了信息系统理论与农户行为理论的有机结合，也填补了农户行为中持续性研究的空缺，是对相关研究的一个有益补充。

从实践意义来看，一方面，有助于系统了解农户对测土配方施肥技术及各环节的认知情况，回答测土配方施肥技术覆盖率与农户知晓率之间存在巨大差距的问题，从而对测土配方施肥技术推广成效的现实情况进行准确把握，为后续技术推广工作的开展提供经验支撑；另一方面，对测土配方施肥技术初次采用行为与持续采用行为进行区分，找寻影响两种行为的关键因素所在，既对实际生产中农户行为阶段有了更清楚的认识，也为促进农户采纳测土配方施肥技术、提高农技推广效率提供理论支撑。

三、研究思路

农业发展绿色转型的关键在于绿色生产技术的采纳和运用。现有研究主要关注农户技术采纳行为，即某一时刻或阶段的行为决策，忽略了农户技术采用行为的阶段性特征。事实上，农户初次采用行为和持续采用行为的发生机理并不相同，主要影响因素存在差异。为此，有必要对农户技术采用行为进行阶段划分，厘清各阶段农户技术采用行为的内在机理。本书按照"问题提出—理论分析—现状梳理—机制探讨—政策建议"的思路开展农户绿色生产技术初次和持续采用行为研究。具体研究思路如下：首先，阐述本书的研究背景，并进一步梳理国内外农户绿色生产技术采纳行为的相关研究，构建本研究的理论分析框架；其次，从技术推广和农户认知两个方面，系统了解我国及样本区域测土配方施肥技术的具体推广情况，区分农户对测土配方施肥技术的整体认知和环节认知；再次，在对农户技术采用行为进行划分的基础上，厘清影响农户测土配方施肥技术初次采用行为和持续采用行为的关键因素，并进一步从农技推广服务质量、科学施肥认知角度探讨对期望确认的影响；最后，提出促进测土配方施肥技术的推广与应用的相关政策建议。图1-1为本研究的技术路线图。

四、研究方法与数据来源

（一）研究方法

为确保研究过程和研究结论的科学性、准确性，本书有机结合和运用定性与定量分析、理论与实证分析的研究方法，重点利用文献分析法、描述分析法、结构方程模型、Logistic模型、线性回归模型、似不相关回归等方法，对农户绿色生产技术初次与持续采用行为进行了深入研究。具体方法运用及对应章节内容如下。

（1）文献分析法。利用中国知网、Web of Science等学术网站，搜集整理国内外农户绿色生产技术采纳行为的相关研究，包括农户行为理论、持续使用模型等经典理论以及绿色生产技术采纳现状、影响因素、持续采用行为等方面，以期全面掌握农户绿色生产技术采纳研究现状，为后续研究奠定良好的理论基础。

（2）实地调查法。真实、准确了解农户绿色生产技术采用行为及相关问题，是开展科学研究的基础和关键。本书重点关注测土配方施肥技术推广情况以及农户技术采用行为，需要调查的对象包括农技推广部门和农户。农户调查方面，考虑到当前农村劳动力文化素质普遍不高的特殊因素，以调查员"一对一访谈式"的调查方式为主，在充分了解农户对各问题回答的基础上，由调查员进行填写。其中，　调查员主要以在校研究生为主，事先经过问卷调查培

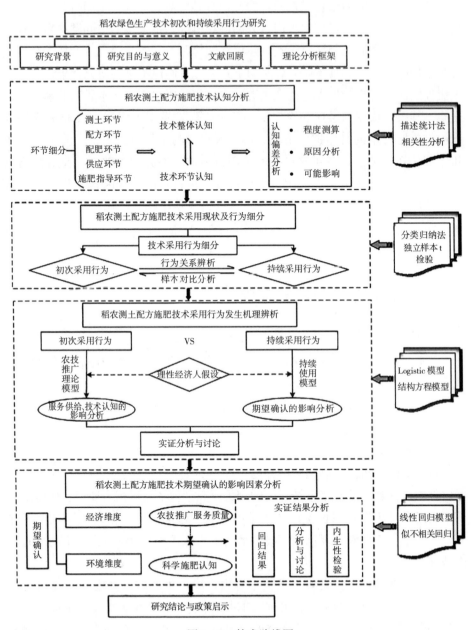

图 1-1 技术路线图

训，确保问卷数据收集的科学性。农技推广中心调查方面，主要向各县（市）土肥站、种植股相关负责人以及各乡镇农技推广中心主任进行面对面访谈，了解各地区测土配方施肥技术推广相关工作情况。

（3）计量分析法。本书综合利用多种计量实证分析方法，对不同章节内容进行分析和讨论。其中，利用二元 Logistic 模型对农户测土配方施肥技术初次采用行为进行实证分析；利用结构方程模型和多群组结构方程模型，识别出影响农户测土配方施肥技术持续采用行为的关键因素；利用线性回归模型、似不相关回归，实证检验了影响农户测土配方施肥技术期望确认的关键因素。

（二）数据来源

1. 调研区域选择

水稻作为我国三大粮食作物之一，对保障国家粮食安全起到了不可替代的作用。国家统计局数据显示（图 1-2），2003—2017 年我国粮食产量和稻谷产量实现了"十三连增"，分别从 46 217.5 万吨增长至 66 160.7 万吨、从 18 522.6 万吨增长至 21 267.6 万吨，年均增长率分别为 1.63% 和 3.65%。进一步计算稻谷产量占粮食总产量的比值后发现，从 2000 年的 40.08% 逐年下降至 2018 年的 32.24%，但基本维持在 35% 左右，水稻产业在我国粮食产业、甚至整个农业经济发展中的重要地位可见一斑。相应地，国家对水稻产业的科技发展尤为重视，以水稻种植户作为研究对象，考察粮食作物种植户测土配方施肥技术采用情况，是实现藏粮于地、保障粮食安全的重要内容。

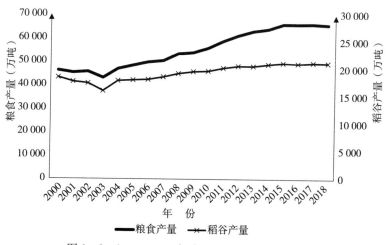

图 1-2 2000—2018 年我国粮食与稻谷产量情况

我国水稻种植历史悠久，依据各地资源禀赋形成了六大种植区域，华中双季稻稻作区作为我国最大种植面积的区域，占种植总面积的 67%，包含浙江、江苏、安徽、江西、上海、湖北、湖南、四川共 8 个省份的全部或大部分区域以及陕西和河南的南部地区。2018 年华中双季稻稻作区水稻产量约占全国水稻总产量的 65%，是全国重要的粮食生产基地。同时，华中双季稻稻作区与长江中下游平原基本重合，区域内水资源丰富，以长江天然水系及纵横交错的人工渠道形成了全国河网密度最大的地区，且拥有鄱阳湖、洞庭湖等淡水湖群，良好的自然资源条件孕育出了我国重要的粮、棉、油生产基地。因此，以华中双季稻稻作区作为研究区域，研究农户的绿色生产技术采用行为，对保障我国粮食安全、促进我国水稻产业绿色转型具有十分重大的现实指导意义。

具体而言，结合随机抽样原则和分层抽样原则，本研究最终选取了湖北省、江西省、浙江省作为研究区域，主要基于以下两个方面的考虑。一方面，三省分别代表了华中双季稻稻作区经济发展的高、中、低三种水平，其中浙江省经济发展水平最高，其次为湖北省，最后为江西省。一般而言，经济发展水平不同，各地对农业生产的重视程度和制度安排会存在一定差异。另一方面，三省在农业技术推广体系上存在较大差异，相较浙江省和江西省"自上而下"的农技推广模式，湖北省农技推广体系进行了"以钱养事"改革，构建了"花钱买服务、养事不养人"的新机制，在这两种截然不同的农技推广机制下，对绿色生产技术的推广可能会产生不同效果。综上考虑，本书选取湖北省、江西省和浙江省作为农户绿色生产技术初次和持续采用行为研究的研究区域，具有较强的代表性，所得结论具有实际推广价值。

2. 样本地区主要推广模式

基于前文描述和说明，本书所涉及的样本区域主要包括湖北省的武穴市、钟祥市、南漳县，浙江省绍兴市的越城区和诸暨市，以及江西省的宜春县。通过对当地农技推广部门的访谈和了解，同时结合样本农户反馈的实际情况，样本区域的测土配方施肥技术推广模式主要分为三类：一是以"站厂结合"模式为主，涉及地区为武穴市和钟祥市；二是以"一张卡"模式为主，涉及地区为南漳县和宜春县；三是对于绍兴市越城区和诸暨市，由于农业经营方式的巨大转变，测土配方施肥技术推广对象以种植大户为主，进行技术指导。

（1）武穴市和钟祥市的"站厂结合"模式。相较其他技术推广模式，武穴市和钟祥市的"站厂结合"技术推广模式的主要特点在于，以农企合作的方式进行生产和供应配方肥，同时结合试点补贴项目，进行测土配方施肥技术的推广试点和普及工作。具体来看，①在肥料生产企业选择方面，一般通过公开招标的形式，并以本地企业为主，其中与钟祥市土肥站合作的是湖北南国化工有限公司，与武穴市土肥站合作的是湖北祥云化工股份有限公司，两家企业均属于本地企业，同时也属于大中型化工企业。以本地化工企业为主要合作对象，不仅有助于当地农户对该企业及所属化肥品牌形成更强的认同感，促进农户积极购买，还可以借助本地企业构建的完善销售服务网络，打开本地配方肥市场。②在配方肥的供应与销售方面，试点补贴项目区和非项目区供应模式存在一定差异。在项目区，农户购买配方肥时，可以获得一定补贴，主要形式是以政府补贴企业，农户以低于市场价的形式进行购买。至于补贴的多少，主要依据补贴金额、推广面积、肥料生产成本等方面因素。一般来说，补贴金额是外生给定的，由上级政府部门统一划拨。在推广面积选择上，若选择较多乡镇进行推广，则势必需要生产出更多的配方肥，进而会导致每百千克的配方肥补贴金额降低，对于肥料生产成本同样如此。在非项目区，则主要通过农资经销商进行销售，农户以正常市场价格进行购买。当然，除了上述两个重要举措外，土肥站依然承担着土壤检测、技术培训、耕地质量监测等方面工作。以钟祥市为例，据当地土肥站等部门统计，2017 年采集土壤样品 370 个，取得检测数据 2 960 个，同时市乡两级组织现场观摩 8 场次、开展测土配方施肥技术与化肥减量增效技术培训班 20 场次，培训人员 1 万人次。

（2）南漳县和宜春县的"一张卡"模式。该模式核心内容在于通过发放测土配方施肥建议卡，指导农户进行科学施肥。具体而言，测土配方施肥建议卡的制定需要由土肥站、农技推广中心等单位完成土壤采集、土壤化验等一系列前期工作，在配方设计时将土壤化验结果数据输入测土配方施肥专家咨询系统，进而由专家咨询系统输出施肥建议卡，包括土壤供肥能力、具体施肥方案等信息，再由各乡镇农技部门、各行政村将测土配方施肥建议卡发放到农户手中。表 1-1 为宜春县早稻测土配方施肥建议卡，从中可知，测土配方施肥建议卡主要包括目标产量、施肥时期、施肥方案等内容，其中针对有无配方肥的情况，分别制定了相应的施肥方案，方便农户自由选择。事实上，"一张卡"技术推广模式与典型的测土配方施肥技术推广过程是比较相似的，只是将推广工作的重心放在测土配方施肥建议卡的发放环节，使更多农户可以了解并清楚知道具体的施肥方案，从而依据测土配方施肥技术原理进行水稻肥料管理。此外，在实际调研过程中发现，南漳县逐步推行测土配方施肥咨询系统 App，农户可以查询到各镇、村、地块土壤性状及施肥建议，当然系统中并非包含所有地块信息，但可以根据离自家耕地最近地块的土壤信息，参照相应的施肥方案，这在一定程度上可以缓解大配方的局限性，增强了农户对测土配方施肥技术科学性的认同程度，进而有助于促进农户积极采纳。

表1-1　宜春县早稻测土配方施肥建议卡

方案	目标产量	施肥时期	施肥方案：肥料品种、亩施肥量、施用方法等
方案一	450～500（千克）	基肥	45%玉露牌配方肥（20-10-15）30～35千克，有机肥1 000～1 500千克，如未用含锌肥料，可加施硫酸锌1千克
		追肥	45%玉露牌配方肥（20-10-15）10～15千克
		粒肥	如后期早衰，亩用"喷施宝"20毫升兑水30千克喷施，或用磷酸二氢钾0.2千克加尿素0.5千克兑水30千克喷施
方案二	450～500（千克）	基肥	45%复合肥（15-15-15）30～35千克，有机肥1 000～1 500千克，如未用含锌肥料，可加施硫酸锌1千克
		追肥	45%复合肥（15-15-15）5～10千克，尿素5～8千克，氯化钾2～4千克
		粒肥	如后期早衰，亩用"喷施宝"20毫升兑水30千克喷施，或用磷酸二氢钾0.2千克加尿素0.5千克兑水30千克喷施
备注			农户可以根据有机肥施用情况适当调整化肥用量；如目标产量有差异，可适当增减化肥用量，具体咨询当地农技站；玉露牌配方肥是江西省实施国家测土配方施肥补贴资金项目的推荐用肥

（3）绍兴市越城区和诸暨市的技术培训＋"一对一"指导推广模式。伴随着经济的快速发展，当地越来越多的农业劳动力选择放弃农业生产，进入二三产业从事相关工作，耕地几乎全部由种植大户承包经营。例如，绍兴市越城区皋埠镇新农村办公室负责人提到，全镇所有水稻种植面积几乎全部集中于80个左右的种植大户手中，其余各村种植水稻的不足10人，且种植面积均小于2亩*。问卷统计结果也表明，诸暨市和越城区两地的种植大户平均种植规模为297亩。耕地的相对集中，诸暨市和越城区的测土配方施肥技术推广工作也进行了相应调整，主要采取的方式是技术培训＋"一对一"指导，其中技术培训针对所有种植大户，通过讲解和宣传，引导种植大户形成科学施肥意识；"一对一"指导主要针对的是种植面积更大、种植水平较高的农户，通过技术指导、配方肥专供等方式，以试点的形式进行测土配方施肥技术的推广。

---

　　*　亩为非法定计量单位，1亩等于1/15公顷。

3. 样本调查设计

本书所用数据均来源于项目组成员 2019 年 8—9 月对湖北、浙江、江西三省开展的以水稻种植户为主的绿色生产技术采用行为的微观调查。需要说明的是，在三省各县（市）的选取方面，主要依据的是典型抽样原则。具体而言，本书重点关注的是农户绿色生产技术采用行为的持续性问题，包括初次采用行为和持续采用行为，且以测土配方施肥技术作为绿色生产技术的典型代表，因此选择调研地点时重点考虑其设立该项技术普及示范县的年份，即同时选取较早成为示范县和近几年新成为示范县的地区，以此兼顾两种技术采用行为的样本分布情况。最终，湖北省选取了钟祥市、武穴市和南漳县三个县（市），浙江省选取了绍兴市越城区和诸暨市，江西省选取了宜春县。其中，钟祥市和武穴市是 2013 年全国测土配方施肥整建制推进示范县，南漳县则在 2016 年成为湖北省测土配方施肥整建制推进示范县，诸暨市为 2008 年全国测土配方施肥项目县。

调研内容主要包括农户家庭基本情况、农业生产经营特征、测土配方施肥技术认知与实际采用情况、测土配方施肥技术推广等。调查人员以在校博士生和硕士生为主，均有多次农户微观调查经历。在实际调研之前，事先对调研人员进行培训，详细讲解各个题目设置的真实目的，对于关键问题进行标准化式问答，确保问卷数据获取的一致性。调查方式以"一对一"访谈式为主，由调查人员向受访农户进行解释，并根据农户的真实回答代为填写，确保问卷内容的有效性。最终，课题组共完成调研问卷 822 份，其中湖北省 516 份，江西省 205 份，浙江省 101 份，分别占总样本量的 62.77%、24.94% 和 12.29%，样本具体分布如表 1-2 所示。

表 1-2 调研样本地区分布特征

省份	样本数	占比（%）	县（市）	样本数	占比（%）
湖北省	516	62.77	钟祥市	168	20.44
			武穴市	188	22.87
			南漳县	160	19.46
江西省	205	24.94	宜春县	205	24.94
浙江省	101	12.29	诸暨市	61	7.42
			绍兴市越城区	40	4.87

注：根据调研问卷整理所得。

4. 样本特征分析

（1）个体特征。主要从受访者性别、年龄、受教育年限、是否为公职人员和兼业情况共 5 个方面展开具体分析，具体内容见表 1-3。

表 1-3　样本个体特征描述性分析（N＝822）

项目	类别	样本量	占比（%）
性别	男性	638	77.62
	女性	184	22.38
年龄	40 岁及以下	42	5.11
	41～50 岁	147	17.88
	51～60 岁	320	38.93
	61～70 岁	248	30.17
	71 岁及以上	65	7.91
受教育年限	6 年及以下	392	47.69
	7～9 年	298	36.25
	10～12 年	116	14.11
	13 年及以上	16	1.95
是否为公职人员	是	101	12.29
	否	721	87.71
是否兼业	是	258	31.39
	否	564	68.61

注：根据调研问卷整理所得。

在受访者性别方面，以男性样本农户为主，共有 638 份，占样本总量的77.62%。女性样本相对较少，仅占样本总量的 22.38%。尽管学界普遍表示，农业劳动力逐渐呈现出女性化的趋势，但从样本分布情况来看，当前从事农业生产仍以男性为主，至少未表现出大多数男性完全脱离农业生产的特征，仍有七成以上男性在从事水稻种植和经营工作。

在受访者年龄方面，以 51～70 岁区间的样本农户最多，样本量为 568 份，占样本总量的 69.10%，并且有 7.91% 的样本农户年龄超过了 70 岁，即77.01% 的样本农户年龄超过了 50 岁，而 50 岁以下的样本农户不足 1/4（22.99%），表明当前我国农村劳动力老龄化问题十分严峻。如何在农村劳动力老龄化的背景下，有效发挥现代科技对农业绿色发展的推动作用显得更为重要和紧迫。

在受教育年限方面，近半数（47.69%）的样本农户接受教育的年限不足

6 年，其次为受教育年限为 7～9 年，占样本总量的 36.25%，接着为受教育年限为 10～12 年，样本占比仅为 14.11%。进一步，通过计算样本农户的平均受教育年限为 7.17 年，整体上来看样本农户文化水平相对偏低，综合素质不高，而这也是我国小农户经营所面临的又一难题。

在是否为公职人员方面，绝大多数样本农户为普通农户，非公职人员的样本数量为 721 份，占样本总数的 87.71%，仅有 12.29% 的样本农户在村委会、乡镇政府等基层政府部门担任一定职务，而这也符合当前农村地区精英少数的基本特征。

在是否兼业方面，有 258 个样本农户表示在 2018 年有过非农就业经历，即在农闲时从事二三产业活动，占样本总数的 31.39%，而大多数的样本农户（68.61%）表示并未外出务工，仅以农业生产为主。

（2）家庭生产的基本特征。主要从家庭人口数、农业劳动力数量、家庭总收入、水稻种植面积、土壤肥力情况、是否便于灌溉以及是否通了机耕路共 7 个方面展开具体分析，具体描述性分析内容见表 1-4。

表 1-4 家庭生产特征描述性分析（N＝822）

项目	类别	样本量	占比（%）
家庭人口数	3 人及以下	199	24.21
	4～6 人	487	59.25
	7 人及以上	136	16.54
农业劳动力数量	1 人	180	21.90
	2 人	562	68.37
	3 人及以上	80	9.73
水稻种植面积	25 亩及以下	525	63.87
	25.1～50 亩	118	14.35
	50.1～75 亩	44	5.35
	75.1～100 亩	40	4.87
	100 亩以上	95	11.56
家庭总收入	5 万及以下	343	41.73
	5.1 万～10 万元	237	28.83
	10.1 万～15 万元	79	9.61
	15.1 万～20 万元	62	7.54
	20 万元以上	101	12.29

（续）

项目	类别	样本量	占比（%）
土壤肥力情况	非常差	8	0.97
	较差	138	16.79
	一般	281	34.19
	较好	338	41.12
	非常好	57	6.93
是否便于灌溉	是	583	70.92
	否	239	29.08
是否通了机耕路	是	737	89.66
	否	85	10.34

注：根据调研问卷整理所得。

在家庭人口数量方面，主要为 4～6 人的家庭结构，样本量为 487 份，占样本总量的 59.25%；其次为 3 人及以下的家庭结构，样本量为 199 份，占样本总量的 24.21%；最后为 7 人及以上的家庭结构，占样本总量的 16.54%。样本农户家庭平均人口规模约为 5 人，农村家庭一般以夫妻两人、老人和小孩组成三代家庭为主，这一结果与我国传统的农村家庭结构较为相似。

在农业劳动力数量方面，样本农户家庭中选择从事农业劳动的人数相对较多，其中农业劳动力人数为 2 人的样本家庭最多，样本量达到 562 份，占样本总量的 68.37%；其次为农业劳动力人数为 1 人的样本家庭，样本量为 180 份，占样本总量的 21.90%；农业劳动力人数为 3 人及以上的相对较少，仅占总样本的 9.73%。随着农业机械化程度的不断提高，实际调研发现插秧、收割、耕地等生产环节均实现了高度的机械化，水稻种植生产所需的劳动力数量相对较少。

在水稻种植面积方面，大多数样本家庭（63.87%）种植面积不足 25 亩，处于 25～50 亩之间的样本家庭也仅有 118 个，占样本总量的 14.35%。但是，种植规模大于 100 亩的样本家庭有 95 个，样本占比超过了 10%。此外，处于 50～100 亩的样本家庭也有 84 个，样本占比为 10.22%。相对来说，样本农户家庭的种植面积较大，主要原因是，在样本选择时兼顾小规模和大规模农户。一般来说，小规模农户对绿色生产技术的了解程度、采纳意愿均较低，并且现有农技推广重点在于专业大户、家庭农场等新型农业经营主体，以此兼顾两类农户可以全面了解绿色生产技术的采纳与应用情况。

在家庭总收入方面，以 5 万元及以下的样本家庭为主，样本量为 343 份，占样本总量的 41.73%，其次为 5 万～10 万元区间的样本家庭，样本量为 237 份，占样本总量的 28.83%，接着为 20 万元以上的样本家庭，样本占比达到了 10% 以上，而处于 10 万～20 万元的样本家庭，同样有 17.15%。进一步计算，样本家庭的平均收入为 12.15 万元，相对来说样本家庭收入偏高，主要原因在于所调查样本中部分农户种植规模较大，从家庭收入上看会有明显的提高。

在土壤肥力情况方面，不足一半的样本农户（48.05%）认为自家经营的耕地质量较好或非常好，但仍有 1/3 左右的样本农户认为自家经营的耕地质量一般，甚至有 17.76% 的样本农户认为耕地质量较差。测土配方施肥技术作为一项科学施肥技术，不仅在提高单产、减少劳动力投入等方面具有独特优势，也可以起到一定的改善土壤质量的效果。那么，在土壤肥力整体较差的情况下，样本农户是否会采用测土配方施肥技术，有待进一步检验。

在是否便于灌溉方面，大多数样本农户（70.92%）认为自家经营的耕地灌溉较为方便，不到三成的样本农户（29.08%）认为在水稻种植过程中灌溉不方便。事实上，随着各地政府对农田水利基础设施的重视程度不断提高，投入大量资源进行建设和完善，水稻种植过程中的灌溉难题也逐渐得到了解决。

在是否通了机耕路方面，绝大多数样本农户（89.66%）表示自家经营的耕地已经通了机耕路，但仍然有 10.34% 的农户仍面临着农业机械难以进入的问题。整体来看，调研区域农业基础设施建设较为完善，为农业机械化发展提供了有效的支持。

五、创新之处

（1）本书将测土配方施肥技术细分为 5 个环节，探讨农户对测土配方施肥技术的整体认知与环节认知的差异，是对已有研究的一个有益补充。现有关于测土配方施肥技术的研究较多，但多停留在整体性认知层面，缺乏对各技术环节认知的考量。本研究将测土配方施肥技术细分为测土、配方、配肥、供应以及施肥指导 5 个环节，系统掌握农户对测土配方施肥技术及各环节的认知情况。

（2）将测土配方施肥技术采纳行为细分为初次采用行为与持续采用行为，分析两者的差异，并探究两类行为的影响因素，可以弥补已有研究的不足。现有关于测土配方施肥技术采纳行为的研究，多是基于调查时点的农户行为展开，忽略了技术采用行为的动态性问题，即初次采用与持续采用是不同的。本研究将农户测土配方施肥技术采纳行为分为初次采用行为与持续采用行为，运用农技推广框架模型与扩展的持续使用模型，探讨两种行为的影响因素。

（3）从农户与农技推广相关主体之间信息不对称的基本事实出发，进一步探讨对农户技术期望确认水平的影响，可以在一定程度上完善已有农业技术推广研究。已有研究多关注技术推广对技术采纳行为的影响，缺乏对技术采用效果的进一步探讨。本书将基于信息不对称理论，以农户与农技推广部门、肥料企业、农资经销商等各主体间的信息不对称现象为出发点，探讨农技推广服务质量、科学施肥认知对农户技术期望确认的影响，为提高农户期望确认水平，进而促进农户持续采用测土配方施肥技术提供经验支撑。

第二章　理论基础与分析框架

理论分析和框架构建是开展相关研究的前提和基础。为了更科学地研究农户绿色生产技术采用行为的发生机理，需要对研究所涉及的概念、理论、研究进展等进行全面梳理，为后文的研究和讨论奠定良好的理论基础。为此，本章内容安排如下：第一部分是相关概念界定，对本书所涉及的核心概念，包括绿色生产技术、技术采用行为、测土配方施肥技术和期望确认进行界定；第二部分是理论基础，对研究所涉及的农户行为理论、农业技术推广相关理论、可持续发展理论、持续使用模型进行介绍；第三部分是国内外文献回顾，主要从绿色生产技术采纳行为、测土配方施肥技术、农业技术推广体系等方面对相关文献进行了梳理和评述；第四部分是理论分析框架，基于技术推广环节的视角，按照技术整体与环节认知区分、技术采用行为细分、行为发生机理解析的逻辑构建了本书的理论分析框架。

一、相关概念界定

（一）绿色生产技术

界定绿色生产技术概念的关键在于理解"绿色"一词的涵义。绿色，从本质上来看，仅仅是一种自然的色彩，在光谱中介于黄与青之间。绿色作为自然界中大多数植物的颜色，不仅代表着生命、希望和生机，更逐渐被赋予自然、生态、环保等象征意义（侯纯光，2017）。面对不断恶化的生态环境，"绿色+"的概念越来越被人们所提及和重视，例如绿色革命、绿色经济、绿色食品等。其中，绿色农业作为一种集经济、生态、社会等多方效益于一体的新型农业发展模式，是我国农业乃至世界农业未来发展的主要趋势，而绿色生产技术的研发与推广则成为推动农业绿色发展的必然选择（谭秋成，2015）。对于绿色生产技术，联合国环境规划署将其概括为三类：①土壤肥料综合管理，包括施用有机肥、优化种植结构、种养一体化等方式；②病虫害管理技术，包括施用生物农药、统防统治等方式；③农产品收储、管理、销售技术，减少产后环节中的食品变质（UNEP，2011）。与此类似，张亚如（2018）从产前、产中、产后对绿色生产技术进行了界定和细分，强调全产业链上农业技术的绿色化。

为此，在进行绿色生产技术概念界定时，应重点体现出经济效益、环境保护、可持续发展等内涵，在改造自然、利用自然的过程中，不仅利用生态环境的工具性，更应承认和重视生态环境的价值性，实现人地和谐相处（Behera，2012；杨博，赵建军，2016）。因此，本书在借鉴以往研究的基础上，将本书中的绿色生产技术定义为：为兼顾农产品的数量和质量、保障农业生态环境安全以及实现农业的可持续发展，在农业生产的产前、产中和产后各个环节中采取的各类措施、管理方式、生产要素的集合。

（二）测土配方施肥技术

作为一种"缺什么用什么、缺多少用多少"的科学施肥技术，测土配方施肥技术在减少化肥投入量、提高作物单产以及保护农业生态环境等方面表现出了独特优势（张福锁，2006；罗小娟 等，2013；Nezomba et al.，2018）。在《农业绿色发展技术导则（2018—2030 年）》中，将测土配方施肥技术归类到化肥农药减施增效技术之中，并要求进行推广应用。严格意义上说，测土配方施肥技术是基于土壤测试、田间试验的数据结果，并结合养分归还学说、肥料报酬递减规律、最小养分律等相关理论基础，提出的涵盖有机肥料、氮磷钾以及中微量元素等肥料的施用数量、施用时间和施用方法的科学施肥方案。

（三）技术采用行为

简单来说，技术采用行为表示的是农户个体将新的农业技术、生产方式、管理措施等应用于实际生产过程中，以获取更高的生产效率和产出水平。这一定义在相关研究中或多或少有所体现，并且均隐含着一个假设：以样本调查时点获取的数据为基础，农户是初次采纳和应用农业新技术（耿宇宁 等，2017；杨志海，2018；张瑞娟，高鸣，2018；侯晓康 等，2019）。事实上，农业生产的不确定性、技术选择的多样性，决定了农户技术采用行为存在阶段性特征（余威震 等，2019a）。因此，本书的技术采用行为主要分为两个方面：一是初次采用行为，与现有研究中的技术采纳行为定义相似，表示在调查时点（本书数据收集的调查时间为 2018 年）农户初次采用绿色生产技术，重点在于第一次采用；二是持续采用行为，将其定义为农户初次采用绿色生产技术的时间在调查时点之前，从初次采用到调查时点这一阶段内持续地采用绿色生产技术。

从定义上看，持续采用行为是初次采用行为在时间维度上的延续（Davis et al.，2004）。但从发生机理上看，两种技术采用行为存在一定差异，因此有必要对两种行为分开进行讨论和研究。

（四）期望确认

期望确认，最先由 Oliver（1980）在期望确认理论（Expectation Confirmation Theory）中提出，反映的是消费者对产品或服务使用后的绩效和使用前的期望水平相比较后的一种结果，具体包括确认和不确认两种状态。更进一步说，期望确认是一种相对水平上的技术效果评价，而评判的标准是使用者对产品或服务的期望水平，这也就决定了期望确认由两方面因素决定：一是期望水平的高低，二是产品或服务绩效的高低。之后，Bhattacherjee（2001；2008）将期望确认引入信息系统持续使用模型，本书借鉴此模型用于分析农户测土配方施肥技术持续采用行为，并将其具体定义为：农户在对初次采用测土配方施肥技术之前形成的期望水平，与实际应用后的技术效果相比较后形成的一种主观评价。期望确认水平高，表明农户应用测土配方施肥技术后期望得到实现；期望确认水平低，则表明农户应用测土配方施肥技术后期望无法得到实现。

二、理论基础

（一）农户行为理论

农户即农民家庭，是一种基于血缘关系联结在一起、共同从事农业生产的基本单位。与传统企业、城市家庭、消费者所不同的是，农户兼具生产者和消费者的属性特征，从事生产行为、消费行为、劳动供给行为等多种经济行为。正因存在着双重属性的特征，自 19 世纪 20 年代以来，学界围绕"农户是否是理性经济人"的假设展开了相关讨论，并由此形成了农户行为经济研究的三大主流学派，即生存小农学派、理性小农学派和历史学派。此外，随着对农户经济行为的认识和分析不断深入，有学者提出了有限理性小农、社会化小农假说等不同农户行为理论。

1. 生存小农学派

生存小农学派的代表人物是苏联农业经济学家恰亚诺夫，其主要思想和观点主要集中于《农民经济组织》一书中。基于长达 30 年的农户跟踪调查，恰亚诺夫发现，小农的生产目的是以家庭消费为主，且依靠家庭自有劳动力进行生产，当家庭消费得以满足时，类似于传统意义上的自给自足式家庭经济。更为关键的是，当家庭消费需求得到满足后小农将缺少继续从事生产的动力，对此恰亚诺夫创新性地提出了"农户劳动-消费均衡理论"。对于小农而言，从事农业生产活动来满足家庭的消费需求，称之为"收入正效用"，而因为生产过程所付出的劳动，对农户而言是一种身体上的负担和损耗，称之为"劳动负效用"，农户劳动投入量的行为决策取决于收入和劳动两者的边际效用的均衡水平，在这一过程中并未对农业生产所产生的成本和收益进行比较。对此，恰亚诺夫资本主义农场并不适合于当时苏联的农业经济特征，小农经济遵循的是以满足家庭消费为需求，而资本主义社会下的农业企业追求的是利润最大化目标，两者在本质上存在巨大差别（恰亚诺夫，1996）。

之后，波兰尼（Karl Polanyi）作为生存小农学派的另一重要拥护者，在其经典著作《大转型：我们时代的政治与经济起源》中主张，以实体经济学代替资本主义经济学来研究小农经济，并对当时纯粹以利润至上的分析方式和理念进行了批判。他认为，经济行为的出现远远早于资本主义市场，且根植于特定的社会关系，因此研究小农经济时应将其作为一种社会制度过程进行研究。

斯科特（James Scott）则进一步延续了恰亚诺夫和波兰尼的分析思路，在其1976年出版的著作《农民的道义经济学：东南亚的反抗与生存》中指出，大多数发展中国家的农户均属于"小农经济"范畴，在"安全第一"的生存伦理下，小农最先考虑的是生产过程中较低的风险以及较高的生存保障，而非收入的最大化，他们遵循的逻辑是"生存法则"，风险厌恶是小农的生存需要。资本主义市场的发展对传统农业社会造成了巨大的冲击，造成农民反叛的原因不是贫困本身，而是农民生存的伦理道德和社会公正感被侵犯。

2. 理性小农学派

理性小农学派的代表人物是舒尔茨（Theodore W. Schultz），其代表作为《改造传统农业》。与生存小农学派完全不同的一个前提假设是，理性小农学派认为农户与一般的企业组织一样，遵循的是利润最大化原则，在实际生产过程中所作的行为决策均是经济理性的。舒尔茨认为，小农经济尽管是贫乏的，但效率不低，依靠重新配置农户拥有的生产要素并不会使农业产出有所增加，且没有一种生产要素存在浪费或闲置现象（舒尔茨，2006），即农业生产要素配置已实现帕累托最优原则。对于造成小农贫困的原因，不是小农缺乏进取心或努力不够，而是在于传统农业中生产要素的边际产出在不断递减，这也就要求在改造传统农业时，在合理的成本条件下增加现代生产要素的投入。作为经济人，当农户认为增加现代生产要素可以实现农业更高的产出和收益时，其会毫不犹豫地选择从事现代农业生产。

波普金（Samuel Popkin）在舒尔茨的理性小农理论基础上，进一步在其著作《理性小农：越南农业社会的政治经济》中首次提出"理性小农"一词，认为农户符合"理性经济人"假设，其行为决策是完全理性的。换言之，农户会根据个人偏好和价值观对可能选择的后果进行判断，以作出可以实现期望效用最大化的行为决策。

3. 历史学派

历史学派的主要提出者为黄宗智教授，综合了理性小农学派和生存小农学派的农户行为理论，通过对中国农村社会经济状况的细致调查和理论分析，形成了体现其小农经济行为思想的两本著作《华北的小农经济与社会变迁》（1985）和《长江三角洲小农家庭与农村发展》（1992），并指出中国小农家庭的经济收入主要是由农业收入和非农收入两个部分构成，由此提出了一个独特的小农命题，即拐杖逻辑（翁贞林，2008）。农业收入和非农收入两者在农户家庭经济结构中的重要性是不同的，农业收入少但相对稳定，非农收入相对较多，但仅仅是作为家庭收入的一种补充。该命题的核心在于，过密化现象在中国农村的广泛存在，使得多余的劳动力无法从农业中解放出来，只能被迫依附于传统小农经济之上，无法成为真正的劳动雇佣者，而为了维持生活，仍然选择从事边际报酬处于极低水平的农业生产，这也是非农收入仅作为农业收入的"拐杖"的原因。

进一步地，改革开放以来市场经济的快速发展，对中国农村经济带来了巨大的冲击，农村劳动力大量外流为农业"去过密化"提供了良好的外部环境，小农经济逐渐发生转变，成为"资本和劳动双密集型"的小农经营，即在满足自家消费需求的同时，可以向市场进行农产品销售以获取更多利润。当然，在这一过程中，黄宗智依然强调农户家庭应处于农业生产经营核心，而非资本主义形式下的农业企业，而对于小农无法独自完成产业链一体化过程中的某些环节，例如销售和深加工，可通过农户家庭之间的合作，或成立相关服务组织。对改革开放以来中国农村经济的思考，主要集中于《中国的隐形农业革命》一书中，可以说，这也是最符合对当前中国农村发展现状的阐述和思考。

4. 其他农户行为理论

其他农户行为理论在三大主流学派的基础上，进一步考虑了农户面临的不同情形，主要包括有限理性学派、社会化小农假说以及小农经济的制度理性假说。①有限理性学派：主要由西蒙斯（1997）提出，认为人的行为是有限理性的，而非经济学意义上的完全理性，对于农户而言完全信息市场并不存在，所做的行为决策会同时受到理性因素和非理性因素的共同影响，进而在行为决策时并非一定是追求利润最大化。②社会化小农假说：主要由徐勇、邓大才（2006）提出，在社会化高度发展的时代背景下，小农会以货币收入最大化作为其行为伦理，因为在社会化分工网络下，小农经济行为完全被包裹其中，时刻面临着货币支出压力。③小农经济的制度理性假说：主要由郑风田（2000）提出，该假说强调在不同制度安排条件下，对小农是否具有经济理性需要辩证看待。具体为，在完全自给自足时，小农行为属于生存小农学派，而当处于高度市场经济环境中，小农行为则属于理性小农学派，处于完全自给自足和高度市场经济两者之间时，小农行为会兼顾家庭和市场，农户理性具有双重性。基于以上思想，一些学者提出"一家两制"概念，以反映"为家庭而生产"和"为市场而生产"的差别化生产模式，并对农产品质量安全问题中的农户行为进行了讨论（徐立成 等，2013；倪国华，郑风田，2014；彭军 等，2015）。

农户行为理论对本研究的启发：随着社会经济的不断发展和变化，农户行为理论也在不断演化和完善。从最初的以"生存第一"为原则的生存小农学派，到严格按照"理性经济人"假设的理性小农学派，到最后逐渐放开理性经济人假设，提出有限理性、社会化小农等符合当时农业经济发展环境的农户行为理论。通过加入新的要素或逐渐放宽原有的假设，农户行为理论力求对农户经济行为做出一个更合理、更符合现实的解释。无论是绿色生产技术的初次采用行为，还是持续采用行为，均属于农户行为研究范畴，在具体研究时均可以从中找到合适的理论支撑。对于初次采用行为决策，农户对绿色生产技术是缺乏了解的，不确定性、成本收益、外部环境等是其行为选择时必须考虑的因素，通过对多方面因素的综合衡量后作出最优的选择。而对于持续采用行为决策，农户对绿色生产技术已经有实际应用经历，对相应技术形成一定的了解，包括技术效果、应用难度、成本收益、市场前景等内容，此时所做出的行为选择将更趋于理性。因此，在实际研究过程中，构建农户绿色生产技术初次与持续采用行为理论分析模型时，需要置于不同情境下，识别出两种技术采用行为的发生前提。

（二）成本收益理论

成本收益理论起源于福利经济学，之后逐渐形成一个完整的体系，并被广泛应用于分析个体行为决策、企业生产决策、项目投资等方面。成本收益理论是一种基于货币形式对经济活动主体的投入和产出进行综合评估的方法，任何经济活动的主体在开展经济活动时，都会考虑和评估经济行为的投入和产出关系，从而做出是否采用该经济行为的决策。成本收益理论认为，经济活动主体的行为决策是在充分评估和权衡行为成本和收益关系、投入和产出关系的情况下，做出的理性选择。具体而言，当行为决策的预期收益大于预期成本，预期产出大于预期投入时，行为决策的主体就会进行决策和采取行为。

成本收益分析的本质是追求利润最大化。不妨设利润为 π，总收益为 TR，总成本为 TC，产量为 Q，则 $\pi = TR（Q）- TC（Q）$，要使得利润最大化，必须满足 $\dfrac{\mathrm{d}\pi}{\mathrm{d}Q}=0$，即 $\dfrac{\mathrm{d}\pi}{\mathrm{d}Q}=\dfrac{\mathrm{d}TR}{\mathrm{d}Q}-\dfrac{\mathrm{d}TC}{\mathrm{d}Q}=MR-MC=0$。所以，利润最大化的必要条件是：$MR=MC$，即边际收益等于边际成本。

在此基础上，进一步推导利润最大化的充分条件，即对利润求二阶导数：

$$\frac{\mathrm{d}^2 TR(Q)}{\mathrm{d}Q^2}-\frac{\mathrm{d}^2 TC(Q)}{\mathrm{d}Q^2}<0$$
$$\frac{\mathrm{d}^2 TR(Q)}{\mathrm{d}Q^2}<\frac{\mathrm{d}^2 TC(Q)}{\mathrm{d}Q^2} \tag{2-1}$$

由式（2-1）可知，利润最大化的充分条件是边际成本函数的斜率要大于边际收益函数的斜率。一般来说，无论在何种市场结构下，边际成本函数的斜率始终为正值，而在完全竞争市场上，边际收益等于价格，其函数斜率为零；在不完全竞争市场上，边际收益函数斜率为负值。

成本收益理论对本研究的启发：农户采用测土配方施肥技术，不仅会带来货币化的成本与收益（其中成本包括测土配方施肥技术的直接物质成本 C_1、人工成本 C_2；收益主要是采用测土配方施肥技术带来的农作物产量的增加，进而产生的直接收益 R_1），也会带来非货币化的成本和收益（其中成本包括学习成本 C_3；收益包括环境改善的效益 R_2），综合来看，农户采用测土配方施肥技术的成本收益及总利润如式（2-2）和式（2-3）所示：

$$TC=C_1+C_2+C_3$$
$$TR=R_1+R_2 \tag{2-2}$$
$$\pi=TR-TC=(R_1+R_2)-(C_1+C_2+C_3) \tag{2-3}$$

当 $\pi>0$ 时，即（$C_1+C_2+C_3$）<（R_1+R_2）时，农户才会采用测土配方施肥技术，反之则不会采用。换言之，无论是促使农户初次采用绿色生产技术，还是进一步形成持续采用行为，最重要的是采用绿色生产技术可以为农户实现正的收益：要么是在不增加成本支出的前提下，提高农业产出收益；或者是增加的产出收益大于成本增加的程度。

（三）风险规避理论

风险规避（Risk Averse）是一种典型的事先风险应对手段，主要为降低损失发生的概率，进而规避因不确定性因素可能带来的经济损失。农民是典型的风险规避者，其经济行为遵守"安全第一的拇指规则"（Safety first rules of thumb）。在不确定的市场环境下，农户实现利润最大化的含义有两层：更多的收入和更好的保障，而并非单纯的实现利润最大化。也即农户实现的是"有条件的利润最大化"。风险规避理论作为农户经济理论新的理论基点，其主要贡献是在传统农户经济理论要素中纳入新的"风险"要素，使得现有理论对农户的行为分析更加深刻合理。在理性农户理论中，农户被设定为完全理性的，强调的是"趋利"，进而实现"利润最大化"目标；而风险规避理论关注到现实中农户的不完全理性，在掌握有限信息的条件下，讨论的核心问题是不确定性条件下的农户决策问题，强调的是"避害"，进而实现"风险最小化"目标（饶旭鹏，2011）。

作为独立的生产经营单元，农户应对自然风险、市场风险和政策风险的能力是极其有限的，且风险抵抗能力相对较弱。在面临风险和不确定性环境下的决策时，农户会作出不同的反应与应对行为，据此可以将农户划分为风险规避者、风险中立者和风险喜爱者三种类型。但总的来看，农户会综合考虑各种可能存在的不利因素，进而给自己设定一个不利条件下可接受的最小收益界限（高艺玮 等，2015）。如果由于风险或不确定性的存在使得预期收益小于最低可接受收益界限，且风险发生的概率较高时，农户肯定会选择一种风险更小的决策。可以看出，虽然后者不能实现市场利润最大化，但却能保障农户在不利条件下的"生存"问题。这就是典型的农户"生存法则"，农户的风险规避理论也很大程度上解释了很多农户表面上看似不合理的行为，实则是出于避免不确定性损失的理性决策（马志雄，丁士军，2013）。

风险规避理论对本研究的启示：在绿色生产技术的推广应用过程中，风险是农户进行技术选择时考虑的重要因素。当农户在进行技术采用决策时势必关心两个问题：一是应用绿色生产技术预期收益是否高于自身对预期收益的最低要求；二是应用绿色生产技术的预期收益是否高于旧技术应用的预期收益。只有当这两者皆得到满足时，农户才会采用绿色生产技术。不难发现，当农户对绿色生产技术的风险感知程度越高时，其生产行为态度就越保守，采用安全可靠技术的可能性就越大，农户甚至在风险规避和收益之间偏好于规避风险。进一步聚焦于本研究关注的初次采用行为和持续采用行为，农户在对两种技术采用行为的决策过程中均不可避免地会考虑风险因素，而风险往往是由绿色生产技术应用过程中所存在的不确定性产生的。如何减少技术应用的不确定性、降低采用绿色生产技术可能面临的风险，将是实现农户绿色生产技术初次与持续采用的可行路径。例如，通过提升农技推广服务水平，对农户提供技术指导和供应绿色农资，减少因技术应用不当或缺乏配套生产物资而造成的经济效益损失。

（四）农业技术推广相关理论

农业科技的快速进步和革新，为世界农业发展带来了巨大的潜力和创造力，而最终实现农业科技带动作用的关键在于农户对新技术、新生产方式的采纳与应用，农业技术推广体系则在农业科技与农户采纳之间搭建起一座桥梁，承担着信息传递、服务供给、要素供应等诸多方面的任务。为此，学界围绕农业科技创新、农业技术推广和农户技术采纳三者的关系展开了深入研究，涌现出一批具有思想性和实践指导价值的理论，本书主要选取创新扩散理论和农业推广的框架模型作为相关研究的理论基础。

1. 创新扩散理论

创新扩散理论（Diffusion of Innovations Theory）是由美国学者罗杰斯（Everett M. Rogers）在 20 世纪 60 年代提出，其经典著作为《创新的扩散》（Diffusion of Innovation）。通过对杂交玉米新品种的采用和普及过程的调查研究和分析后，罗杰斯归纳总结出新事物在整个社会系统中的扩散原理，即创新扩散曲线（图 2-1），其核心思想在于，在技术创新扩散初期，创新速度较慢、仅有少部分人采用，随着新技术扩散速度的加快，采用人数迅速增加，这

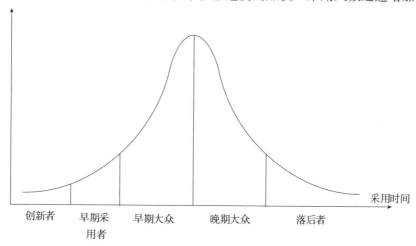

图 2-1 创新扩散曲线

一过程持续到社会系统中可能采用的人均已采用为止,之后扩散速度逐渐下降。为此,罗杰斯按照新技术采用时间的先后顺序,将技术采纳者划分为创新者、早期采用者、早期大众、晚期大众和落后者共五类,且基于大量的调查和案例研究,发现五类采纳者总体占比分别为 2.5%、13.5%、34%、34% 和16%。可以看出,敢于积极尝试的农户相对较少,大多数均表现出一定的风险规避特征,对新技术的采纳较为谨慎。

创新扩散理论存在一个重要的前提假设,即农户对信息获取的可能性是相同的,造成不同采纳时间的原因,主要是风险偏好、社会网络、资金约束等因素。具体而言,创新者一般属于风险偏好型,面对新农业技术时往往表现出浓厚的兴趣,且社交圈较为广泛,对新技术的了解十分到位;早期采用者相对务实,但同样具有较强的冒险精神,敢于尝试新技术;早期大众则需要更长时间对新技术进行观察、了解,确定有益于农业生产才会采纳;晚期大众属于风险规避型,只有当地大多数人进行了采纳才会进行尝试;落后者因循守旧,对新技术极度不信任,只有当其完全确定新技术没有减产风险时才会采纳。

此外,罗杰斯将创新扩散过程按阶段进行划分,具体包括认知阶段、说服阶段、决定阶段、实施阶段以及确认阶段。其中,认知阶段表示农户通过初次接触新技术而形成基本认识的阶段;说服阶段,农户对新技术的期望收益与原技术收益进行比较,考虑是否采纳;决定阶段主要指采纳新技术,但仅进行小范围的试验,若符合预期则投入大范围应用,即实施阶段;确认阶段指的是,对新技术采纳后的效果进行客观评价。

创新扩散理论对本研究的启发:认知是技术采用决策的首要阶段,尤其是对绿色生产技术的初次采用决策。在农户初次采用绿色生产技术之前,往往是通过农技推广、电视广播等途径对绿色生产技术进行初步了解和认识,包括什么是绿色生产技术、绿色生产技术的优势以及如何应用绿色生产技术等。本质上,这一了解和认识过程与创新扩散过程中认知阶段是一致的。只有形成准确的认知,农户才能对应用绿色生产技术的预期收益、成本支出、风险大小等因素做出科学判断。相较传统生产方式,若采用绿色生产技术可以带来更多收益,农户必然会选择采用,即创新扩散理论中的说服和决定阶段。因此,在实际探讨绿色生产技术初次采用行为的影响因素时,需要考虑认知这一重要因素。

2. 农业推广框架模型

农业推广框架模型最早由德国农业推广专家阿布列奇特(H. Albrecht)提出,将农业知识和信息系统视为农业推广的重要构成,并置于一个有组织的框架进行讨论。具体的农业推广框架模型如图 2-2 所示。

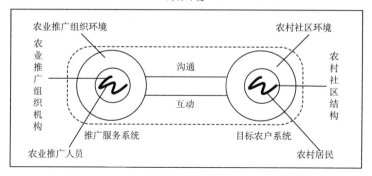

图 2 - 2   农业推广框架模型

资料来源：许无惧，1989. 农业推广学［M］. 北京：北京农业大学出版社.

　　农业推广框架模型主要由推广服务系统和目标农户系统两大部分组成，同时考虑农业推广的外部环境情况。其中，阿布列奇特从内部环境、组织架构、行为主体三个方面对推广服务系统和目标农户系统进行分解，对系统内部运行的方式、内容、效率等展开了分析。作为紧密联结推广服务系统和目标农户系统的关键，沟通与互动将直接影响到农业推广的效率和创新扩散的速度，通过对农业技术推广内容和方式上的沟通和互动，实现技术流、信息流在两个系统之间的有效传导。此外，农业推广服务的有效开展离不开外部环境的支持，外部环境具体包括政治法律环境、经济环境、社会文化环境、农村区域环境等。外部环境不仅对农业推广服务系统存在重要影响，对两个系统之间的沟通、互动过程同样会产生直接或间接影响，从而影响到农业推广服务的整体效率。因此，在重视推广服务系统和目标农户系统构建的同时，应积极营造良好的外部环境，确保农业推广服务体系的高效运行。

　　从整体上看，增加推广服务系统和目标农户系统之间的沟通，形成更多的交集，是提高农业推广效率的关键。一方面，从系统内部来看，推广服务系统在农业推广框架模型中处于引导农户主动采纳新技术的核心地位，如何提高推广服务系统的效率成为关键。农业推广框架理论指出，推广服务系统的扩散效率主要取决于推广人员的综合素质及其所处组织机构和组织环境的优劣情况。另一方面，目标农户系统作为农业推广服务的目标，同时也是推广策略和方法制定的依据，其接受效率又会受到农户综合素质及其所处的社区结构和社区环境的影响。

　　农业推广框架模型对本研究的启发：影响农业推广服务效率的因素不仅来自服务供给方，即相关农技推广部门，同时也包括服务接受者，农户能否有效吸收相关信息同样也会影响到新技术的采纳和应用。事实上，农业推广服务效率与农业技术采纳率是硬币的正反面，只是从农技推广部门和农户的不同主体视角对农技推广问题进行了阐述。因此，农业推广框架模型对本书研究的借鉴之处在于，在探讨影响农户绿色生产技术采用行为的关键因素时，可以从农技推广、农户特征、外部环境等维度切入，尤其是在我国农业经济以政府为推动、市场为导向的宏观环境中，在绿色生产技术推广初期，政府部门的推广工作在很大程度上决定了一项新技术的推广应用情况。

（五）持续使用模型

持续使用模型（Continuance Model）是 Bhattacherjee（2001）基于 Oliver（1980）提出的期望确认理论（Expectation Confirmation Theory，简称 ECT）发展而来的，用于解释信息技术持续使用意愿的影响因素，并在信息系统领域得到了广泛运用（刘虹 等，2014；李雅筝，2016；陈昊 等，2016；赵保国，姚瑶，2017）。

期望确认理论属于消费者满意度研究领域的一个基本理论，核心观点是满意度会影响到消费者的再次购买行为，而满意度会受到期望（Expectation）、绩效（Performance）和确认（Confirmation）的影响（Oliver，1980），具体见图 2-3。该理论认为，消费者在形成再次购买意愿之前具有多个阶段：首先，在初次使用之前通过各种信息途径进行了解，对产品形成一个初步的期望水平。其次，在使用一段时间后，会对产品各方面的表现形成一个基本评价，即绩效。最后，通过对产品的期望水平和绩效进行比较，称为确认过程。当产品绩效达到期望水平时，即正面确认，消费者对产品满意度较高，有助于促进消费者再次购买；当产品绩效未达到期望水平时，即负面确认，对产品满意度较低，不利于消费者再次购买该产品。

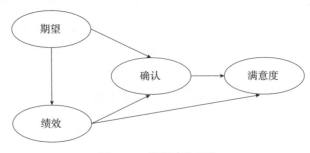

图 2-3　期望确认理论

关于延续期望确认理论的分析思路，Bhattacherjee 在其 2001 年一项研究中指出，信息系统技术的持续使用与消费者再次购买行为具有相似之处，均是基于初次使用的效果与使用之前的期望水平的综合比较后进行决策（Bhattacherjee，2001）。于是，Bhattacherjee 在考虑信息系统技术的实际应用情况后，对期望确认理论进行了调整：一方面，考虑到个体对信息系统技术的期望会随着使用过程而发生变化，另一方面，在考察持续使用意愿时更应关注使用后的效果评价，使用前的期望水平对持续使用意愿并没有那么重要，因此加入技术采纳模型（TAM）中的感知有用性（Perceived Usefulness），强调技术应用后的感知有用性。基于此，最终提出了包含期望确认（Disconfirmation）、感知有用性（Perceived Usefulness）、满意度（Satisfaction）和持续使用意向（Continuance Intention）的持续使用模型（图 2 - 4）。

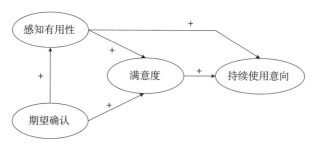

图 2 - 4　持续使用模型

之后，Bhattacherjee 在 2008 年进一步完善并形成扩展的持续使用模型（Extended Model of IT Continuance）（Bhattacherjee，2008）。扩展的持续使用模型通过融合期望确认理论（EDT）、计划行为理论（TPB）等理论模型，将期望确认模型关注的"终点"，即持续使用意愿延伸至持续使用行为，体现出应用研究应最终关注人类行为的特点；将感知行为控制（perceived behavioral control）细分为自我效能和便利条件，从内在能力和外部资源可控性两个方面探讨对持续使用意愿和行为的影响，很大程度上增强了该模型在更大范围内的适用性和预测能力。

根据图 2 - 5 扩展的持续使用模型可知，期望确认通过满意度、事后有用性感知影响到个体持续使用意愿，同时自我效能作为一个人对自己独立完成某一既定行为的能力的确信程度，对持续使用意愿产生显著影响（Ajzen，2002），进而由意愿向行为传导。此外，便利条件作为外部资源条件，会直接影响到个体持续使用行为发生与否，即考虑到意愿与行为之间存在一定距离，尤其当缺乏必要条件支持时，意愿与行为之间易发生背离现象（余威震 等，2017）。由此可见，扩展的持续使用模型较为全面地考虑到个体在技术持续使用行为过程中的心理预期、使用效果、外部条件等多方面因素，在解释个体持续使用行为上具有明显优势，在信息系统、图书情报、管理学等领域得到广泛应用（刘鲁川，孙凯，2011；陈渝 等，2014；Kang et al.，2013；Zhao et al.，2015；Lin et al.，2017）。

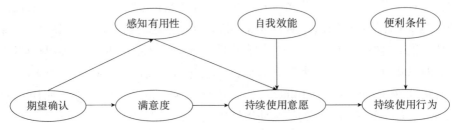

图 2-5　扩展的持续使用模型

持续使用模型对本研究的启发：一是，农户绿色生产技术持续采用行为与信息系统技术的持续使用行为具有一定相似之处，均是在初次采用行为基础上对技术或服务采用行为的一种延伸和持续，是基于初次采用后的实际效果与采用前的期望水平相一致、符合个体对技术或服务的使用预期后，表现出多阶段的技术或服务采用决策；二是，具体分析农户绿色生产技术持续采用行为时，借鉴持续使用模型的分析框架和思路，以期望确认作为持续采用行为发生起点，纳入事后感知有用性、满意度、持续采用意愿等变量，构建出农户绿色生产技术持续采用模型。进一步考虑到绿色生产技术应用可以兼顾经济效益和环境效益，将期望确认细分为经济维度和环境维度，从而系统分析期望确认对农户技术持续采用的影响。

三、国内外文献回顾

（一）关于农业技术推广体系的研究

1. 农业技术推广体系存在的问题

农业技术推广体系作为联结农业科研和农业生产的纽带，扮演着将农业技术从实验室转移到田间地头的重要角色，对于提高农业生产效率、促进农民增收致富发挥着不可替代的作用（黄武，2008）。然而，现实中农技推广体系存在着诸多问题，严重阻碍了农技推广体系作用的发挥（周曙东 等，2003；申红芳 等，2012；陈辉 等，2016）。就农技推广本身而言，便存在着推广手段和方式单一、推广内容与市场脱节、推广队伍势单力薄等诸多问题（宋明顺，张华，2014）；进一步提升至体系层面，则有研究指出管理体制不顺、经费来源有限等是造成农技推广效率低下的主要原因（《中国农业技术推广体制改革研究》课题组，2004；张东伟，朱润身，2006）。此外，也有不少学者针对农技推广队伍展开研究，发现存在人员数量大幅减少、人才断档问题日益严重、人才长效培训机制缺乏等诸多问题（付长亮，李寅秋，2014），同时现行农技推广的人力资源管理机制仍缺乏竞争性（申红芳 等，2012），无法对农技人员起到很好的激励作用。对此，陈诗波、唐文豪（2013）研究认为，县、乡农技推广业务脱节，管人和管事职权分离是导致乡镇农技推广人员管理缺位、经费无保障、服务效率低下等一系列问题的根源。黄季焜等（2009）则认为，由于国家对农技推广体系的职能定位不清以及公益职能重要性认识不够，在市场、财政等外部环境冲击下导致农技推广人员数量和组织架构出现变动。

2. 农业技术推广体系的优化

为解决农技推广体系存在的诸多问题，自 2003 年开始，国家采取了一系列改革措施，先后出台了《关于开展基层农技推广体系改革试点工作的意见》（2003）、《关于深化改革加强基层农业技术推广体系建设的意见》（2006）、《关于分类推进事业单位改革的指导意见》（2011），学术界也从服务供给主体、农技供需匹配、人才队伍建设等多个角度对农技推广体系改革进行了深入探讨（李俏，李久维，2015；陈辉 等，2016）。例如，陈诗波等（2014）以河北省迁安市农技推广体系改革作为案例，发现通过组建跨乡镇的农技推广区域综合站，以区域农业产业技术需求为导向，可以有效改变传统农技服务效率低下的局面。此外，随着家庭农场、生产大户、合作社等新兴农业经营主体的发展，为实现我国农技推广多元化参与体系创造了巨大可能性（宋明顺，张华，2014；杨旭，李竣，2015）。作为农业大省，湖北省于 2006 年进行"以钱养事"乡镇农技推广体系改革，虽取得了一些成效，但由于改革不彻底，在自我发展机制、项目经费管理体制等方面尚存在一些问题（王甲云，陈诗波，2013）。一项基于 2016 年全国 7 省的调研数据同样表明，新一轮农技推广体系改革确实在提高农民接受推广服务比例以及扭转农技队伍知识老化、人才断层等方面取得十足进步，但农技推广行政化、政府公共信息服务能力弱化等现行体制的老问题依旧存在（孙生阳，2018）。

（二）关于农户绿色技术采纳行为的研究

1. 农户绿色生产技术采纳行为的研究现状

从研究内容来看，有关技术采纳行为的影响因素研究最受学者关注，无论是国内学者，还是国外学者，均从个体特征、家庭特征、技术认知、市场环境、社会网络等多个维度进行了深入分析（方松海，孔祥智，2005；毛慧 等，2018；Besley，Case，1993；Bandiera，Rasul，2010；Theis et al.，2018；Gao et al.，2019），不仅加深了对农户行为及其背后逻辑的认识，也为提高农技推广效率、推动农业发展提供了诸多建设性意见。随着时间的推移，农业在不断发展，与之相随的是农业技术也在不断更新换代。从最初仅关注增产增收型技术，到如今越来越注重资源节约型、环境友好型技术的推广与运用（周建华 等，2012；罗小娟 等，2013；吴雪莲 等，2016；Xu et al.，2014；Adnan et al.，2017）。例如，褚彩虹 等（2012）以有机肥和测土配方施肥技术为例，研究发现信息可得性相关因素是影响农户采纳环境友好型技术的关键。与此类似，也有不少学者针对秸秆还田技术（徐志刚 等，2018）、生物农药（黄炎忠，罗小锋，2018；余威震 等，2019b）、少耕免耕播种技术（李卫 等，2017）、节水灌溉技术（乔丹 等，2017）等展开了深入研究。

从研究视角来看，基于经典的"经济人假说"，已有研究中绝大多数学者多是将农户视为理性经济人，并认为农户技术采纳行为决策是理性和经济的（韩军辉，李艳军，2005；周洁红，2006；许朗，刘金金，2013）。例如，王秀东、王永春（2008）认为，农户是否决定采用新品种，与其对该品种的认知程度存在高度相关，只有认为较为适宜才会选择使用。王舒娟、蔡荣（2014）则基于成本收益视角研究发现，个人视角下，秸秆焚烧是农户比较秸秆处置成本与收益后的理性选择结果，但作为社会人，秸秆焚烧却是不理性的。同一农户行为究竟是理性还是非理性，基于不同视角存在不同的结果。事实上，不少学者指出农户行为是有限理性的，在有限的信息条件下，因个人能力、禀赋条件等方面的不同使得农户做出了"非理性"但对其最优的选择（陈姗姗 等，2012；毛南赵 等，2018）。严奉宪 等（2012）研究发现，农户在响应减灾措施的决策过程中由于存在个人特征和主观偏见，导致出现农户行为偏离经济理性。为此，越来越多学者开始关注到经济因素以外影响农户技术采纳行为的因素，例如社会网络、风险偏好、主观规范、政策规制等方面（曹光乔，张宗毅，2008；黄祖辉 等，2016；Freudenreich，Oliver，2018；Wang et al.，2018），农户技术采纳行为的研究也从最初的经济理性逐渐演化为有限理性、生存理性，关注的内容和范围不断扩大。

从研究方法来看，当前研究中最为常见的是采用 Logit 模型、Probit 模型等离散选择模型，将农户技术采纳行为简化为"采纳"和"未采纳"两种选择（罗小娟 等，2013；杨志海，2018；Larochelle et al.，2017；Zhang et al.，2018）。当然，也有不少学者为探究农户技术采纳的强度问题，尝试用

Double-Hurdle 模型（储成兵，2015）、负二项回归模型（耿飙，罗良国，2018）等进行分析。随着研究的深入，部分学者发现不同技术的采纳行为之间存在一定联系，孤立地看待某一技术采纳问题会造成结论有失偏颇，进而采取Multivariate Probit 模型来考察不同决策间的关联效应（Belderbos et al.，2004；Greene，2008；舒畅，乔娟，2016）。计量经济学的快速发展，解决了技术采纳行为研究中存在的一些技术性问题，例如，部分学者利用倾向得分匹配法（PSM）、Heckman 两阶段法，解决了研究过程中的样本自选择问题（薛彩霞 等，2018；Ma et al.，2018）。此外，基于博弈论的思想，杨唯一、鞠晓峰（2014）和童洪志、刘伟（2018）等学者利用博弈模型，探讨了政策组合、社会网络对农户技术采纳行为的影响。

2. 农户绿色生产技术采纳行为的影响因素

农业科技的发展与应用是建设现代化农业的必经之路，而农户作为农业生产的关键主体，在农村生态环境问题逐渐凸显的大环境下，其绿色生产技术采纳行为一直广受学界关注，辨明影响农户绿色生产技术采纳行为的关键因子更是重中之重。纵观既有相关文献，影响农户绿色生产技术采纳行为的因素可以概括为内部因素和外部因素两大方面。

从内部因素来看，以土地、劳动力和资本为主要构成的资源禀赋约束，是影响农户绿色生产技术采纳行为的关键因素之一（展进涛，陈超，2009；朱月季 等，2015；田云 等，2015；夏雯雯 等，2019；杨志海，王洁，2020；Soule，2001；Koundouri et al.，2010）。例如，徐志刚等（2018）基于构建农户跨期农业技术采用行为分析框架，发现相较小农户，规模户因其量级效应较大、资本禀赋丰富，较倾向于采用秸秆直接还田技术，而较短的地权期限则会抑制规模效应的正向作用。事实上，农户绿色生产技术采纳行为也会受到文化程度、兼业情况、信息获取、风险感知、社会网络等个体特征、家庭特征的影响（郑旭媛 等，2018；Maertens，Barrett，2013；Freudenreich，Mußhoff，2017；Stefan，Luc，2010；Larochelle et al.，2017）。例如，杨志海（2018）研究发现，随着农户老龄化程度的提高，农户绿色生产技术的采纳程度逐步降低，但社会网络的拓展有助于减轻老龄化的负向影响。Ndiritu 等（2014）则重点探讨了可持续农业技术采纳的性别差异，发现女性会较少采用少耕、畜禽粪便等技术，而在水土保持技术、新品种等方面男性与女性无显著差别。

在外部因素方面，当前研究主要是围绕政策环境、市场环境以及自然环境等因素展开。①政策环境。政府作为绿色生产技术的主要推广者，在促进农户积极采纳绿色生产技术的过程中发挥着重要作用,不少研究表明通过农业技术培训,可以显著降低农户化肥施用数量,提升测土配方施肥技术采纳水平(应瑞瑶、朱勇,2015;佟大建 等,2018;Jacquet et al.,2011;Kassie et al.,2013)。政府补贴、政策规制作为政府主要采取的两种激励手段,同样对农户绿色生产技术采纳行为产生重要影响(程杰贤、郑少锋,2018;Skevas et al.,2012;Omotilewa et al.,2019),而不同的政策所起到的激励和约束作用存在差异。例如,黄祖辉等(2016)对农户规范施药行为进行研究时发现,命令控制型政策对农户过量施药行为具有较强的规范效应,而宣传培训类政策的作用不大。当然,现实中政府部门往往是以政策组合的形式,对农户行为进行约束和引导,童洪志、刘伟(2018)研究发现单独采取补贴措施对农户采纳行为激励效果不佳,需与惩罚或信息诱导措施结合才能起到有效的促进作用。②市场环境。主要包括农产品市场和生产要素市场(黄炎忠,罗小锋,2018;王常伟,顾海英,2013)。例如,Zanardi 等(2015)认为完善的农产品市场环境,是实现农产品优质优价的前提,市场环境的标准化建设有助于农户采纳新技术以满足市场需求。也有学者提出应通过增加小农获得市场服务的机会,鼓励发展农村地区的土地租赁市场,有利于农户采取土壤肥力综合管理技术(Kamau et al.,2014)。此外,Juan 等(2018)研究发现,有机肥的价格、氮营养元素的含量及释放速度等要素质量问题,是农户在选择购买有机肥时会重点考虑的因素。与此类似的研究还有 Croppenstedt 等(2010)、Shiferaw 等(2015)、李晓静等(2020)。

3. 绿色技术采纳行为对农业生产的影响

绿色生产技术推广与应用的目的,无非是希望通过技术创新,实现生产方式上的改进和生产效率的提高,从而实现增产增收和环境保护的双赢目标,当前学术界对此已经进行了诸多探索,并取得了较为丰硕的成果(Huang et al.,1996;Chen et al.,2009;Ma,Abdulai,2018;李谷成 等,2009;张瑞娟,高鸣,2018)。例如,李厚建、张宗益(2013)研究发现,技术采纳对农业生产技术效率有一定的改善,而改善空间却局限于农业生产的规模。与此类似,蔡荣、蔡书凯(2012)和李卫等(2017)研究发现,采用保护性耕作技术,可以显著提高作物产量,但技术效果的发挥需要一定时间。也就是说,技术采纳对农业生产技术效率的影响并不是简单的线性关系,Brümme 等(2006)的研究对此提供了有力的证据,基于浙江样本数据的分析可得,随着农业技术的进步,农业技术生产效率会呈现出"倒 U 形"的特征。但是无论如何,农业技术采纳行为对于增收的作用不可否认,新技术的采用有助于农作物亩均增收近 20％（黄腾 等，2018），对增加农户家庭收入的作用同样明显（陈玉萍 等，2010）。在此基础上，周波、于冷（2010）的研究则发现，农业技术应用确实能增加农户家庭收入，但仅限于应用时间跨度小的情况下，一旦在较长时间跨度内农业技术可能会对家庭收入产生负向影响。此外，胡伦、陆迁（2018）基于技术采纳行为减贫效应的研究，发现采用节水灌溉技术具有降低农业干旱风险冲击和农户贫困发生率的功能，但对减缓风险冲击的贫困脆弱性效应并不显著。

（三）关于测土配方施肥技术的研究

1. 测土配方施肥技术的发展历程

测土配方施肥技术最核心的环节是土壤检测，而最先开展土壤检测的工作者可以追溯到 18 世纪中叶的德国化学家李比希，其将经典的化学方法应用于土壤分析（贾良良 等，2008）。随后，经过漫长时间的发展，直到 20 世纪 30 年代土壤测试技术有了巨大的进步，美国科学家 Bray 完成了测土配方施肥的奠基性工作，其在 1945 年首次阐述了土壤养分有效性和作物相对产量的概念，并发现两者之间存在统计学相关性（Bray，1945），而由其提出的勃莱 1 号（Bray No. 1）和勃莱 2 号（Bray No. 2）土壤有效磷提取剂，至今仍为许多国家采用。之后，相关土壤测试技术越来越多，主要包括 Morgan 法（Morgan，1941）、Olsen 法（Olsen et al.，1954）以及 Mehlich 1、2、3（Mehlich，1978；1984），而不同技术之间的比较也从未间断，在不同的土壤条件、作物品种之间各有优势（Mcintosh，1969；Sims，1989；Miller，Arai，2017）。至此，土壤测试技术的发展，迅速带动了按方施肥、精准施肥的技术革命，并随之成立测土配方施肥体系、测土工作委员会，负责相关研究工作的开展，极大地推动了测土配方施肥技术的推广与应用（张秀平，2010）。

随着研究的深入，人们发现无论依据何种方式确定合理的施氮量，在实际生产中并不能得到预期的产量（张福锁，2006），主要原因在于不同地块之间存在异质性，具体表现在土壤类型、地块位置、土壤流失等属性方面，这导致统一的施氮量难以进行适当的调整，降低了测土配方施肥技术的适用性和有效性。因此，有学者尝试在考虑地块变异条件下提出确定施肥数量的方法，例如 PSNT 技术（Pre-sidedress nitrate soil testing）（Spellman et al.，1997）、航空遥感检测技术（Raun et al.，2002）、GPS 与土壤检测结合技术（Lambert et al.，2014），以多种技术的综合应用满足不同地块、不同作物的个性化肥料需求。

2. 测土配方施肥技术的优势

测土配方施肥技术以其在有机肥、氮磷钾和中微量元素肥料的施用数量、时间、方式上具有科学性、精确性的特点（张福锁，2006），在农业生产效率和生态环境保护两方面表现出得天独厚的优势（苏毅清，王志刚，2014；Rurinda et al.，2013）。在农业生产效率方面，不少研究指出，采用测土配方施肥技术可以有效降低农户化肥施用强度、增施有机肥，改善施肥结构（张聪颖 等，2017；Klausner et al.，1993；Zingore et al.，2007），提高种植效率、提高粮食作物单产水平（Jones，Wendt，1995；Jat et al.，2018）。其中，罗小娟等（2013）研究指出，若能全面推广应用测土配方施肥技术，可实现减少化肥用量 34.91 千克/公顷和提高水稻产量 223.98 千克/公顷，具有较为可观的经济效益和环境效益。此外，Nezomba 等（2018）研究则发现，通过以有机肥料、无机肥料以及固氮绿肥等组合成的综合土壤肥力管理措施，可以有效降低农业生产中所面对的气候风险。

在生态环境保护方面，测土配方施肥技术的优势则主要表现在可以减少温室气体（二氧化碳和氧化亚氮）的排放。一方面，氮肥的减量使用本身可以减少农业生产过程中的温室气体排放，在作物产量提高的同时也可以带来温室气体的减排（殷欣 等，2016；李夏菲 等，2015）；另一方面，因减少氮肥的生产从而减少上游化工企业生产过程中的碳排放（王明新 等，2010；张卫红等，2015）。若进一步通过碳交易市场进行减排量核证和市场交易，可以有效将应用测土配方施肥技术所产生的环境效益价值化（高春雨，高懋芳，2016），进一步提高农户采用测土配方施肥技术的经济收益。此外，测土配方施肥项目的开展，同样可以有效减少玉米生命周期资源消耗与污染物排放量，对扭转富营养化、环境酸化等污染现象具有较大潜力（柴育红 等，2014；Sherry et al.，2005）。

3. 测土配方施肥技术采纳现状

"缺什么、用什么"，测土配方施肥技术作为一项节本增效的环境友好型农业技术（葛继红 等，2010），理应广受农户欢迎和普及，然而现实情况并不尽如人意。一项基于全国 11 省份调研数据的研究指出，2016 年采纳测土配方施肥技术的样本农户仅占 19.3%，进一步按水稻科技示范户、示范村进行划分后发现，示范户中也仅有 41.6% 施用了配方肥，而该比例在非示范村示范户中更是低至 11.9%（佟大建 等，2018）。类似研究也发现，现实农业生产中农户测土配方施肥技术采用率很低，甚至不足 1/3（张聪颖，霍学喜，2018；张复宏 等，2017）。自 2005 年中央一号文件提出"努力培肥地力……推广测土配方施肥"以来，就逐步在全国范围内开展测土配方施肥试点补贴资金项目，但是就试点地区安徽省而言，相关项目数据库数据表明总体采用率只有31.65%，其中中稻种植户采用率最高，为47.33%，油菜最低仅为21.37%（王世尧 等，2017）。当然，也有部分研究发现半数以上样本户采纳了测土配方施肥技术（韩洪云，杨增旭，2011；秦明 等，2016；蔡颖萍，杜志雄，2016）。例如，蔡颖萍、杜志雄（2016）基于全国1 322个家庭农场的调研数据，发现63.4%的农场采用了测土配方施肥技术。此外，李莎莎、朱一鸣（2016）则进一步考察了农户持续性采用测土配方施肥行为，发现42.17%的样本农户存在持续采用行为。在对农户按兼业程度进行划分后发现，相较纯农户和Ⅰ兼户，Ⅱ兼户测土配方施肥技术采纳率要低近20个百分点（王思琪 等，2018）。

4. 测土配方施肥技术采纳行为的影响因素研究

面对农户测土配方施肥技术采纳意愿较低、采纳行为不足的困境，学者们尝试从人力资本、技术推广、市场环境等多个维度，探讨阻碍农户采纳测土配方施肥技术的关键因素（褚彩虹 等，2012；冯晓龙，霍学喜，2016；孙杰 等，2019；Lambert et al.，2014；Daxini et al.，2018；Gao et al.，2020）。例如，褚彩虹等（2012）研究发现，农户对测土配方施肥技术知晓度和是否收到过测土配方施肥指导卡对其技术采纳行为有显著正向影响。测土配方施肥技术培训作为技术推广过程中的关键环节，秦明等（2016）、文长存（2016）等研究均对此进行了证实，测土配方施肥技术培训可以显著提升农户技术采纳的概率。当然，作为经济人，农户在技术采纳行为决策时必然会考虑成本收益问题，当农户有采纳测土配方施肥技术的经济能力，同时市场上可以方便购买到配方肥，农户便会积极采纳测土配方施肥技术以提高自家农业生产效率（王思琪 等，2018），而配方肥的价格同样是农户关注的重点之一（李莎莎，朱一鸣，2016）。此外，户主年龄、施肥观念、耕地面积、土地产权稳定性、政府补贴等相关变量对农户测土配方施肥技术采纳行为也产生了重要影响（邓祥宏，等，2011；高瑛 等，2017；张聪颖，霍学喜，2018；郑沃林，2020；张振 等，2020）。

（四）文献评述

1. 大多数研究将测土配方施肥技术简单地视为一个整体，缺乏从技术推广环节角度了解和分析农户测土配方施肥技术的认知情况

从文献来看，测土配方施肥技术已有较长的发展历史，其在经济效益、生态效益等方面的优势已被人所熟知。不少学者也针对各个地区、各类型农户的测土配方施肥技术采纳现状进行了深入分析，尽管不同研究所呈现出的技术采用率存在较大差异，但整体而言当前农户测土配方施肥技术知晓率普遍偏低。在实际研究中，多数学者将测土配方施肥技术视为一个整体，以此获得的农户知晓率可能存在偏差。事实上，测土配方施肥技术推广可以细分为测土、配方、配肥、供应和施肥指导共 5 个环节，而无论是从内容上，还是从重要性来看，技术整体认知与环节认知存在差异，缺乏对测土配方施肥技术认知现状的准确把握，势必会导致相关结论和建议存在争议。

2. 现有研究中关于农户测土配方施肥技术采用行为影响因素探讨中，多是从某一时点上笼统分析农户技术采用行为，没有对初次采用行为和持续采用行为进行区分

从现有研究来看，无论是测土配方施肥技术，还是其他绿色生产技术，学者们在进行技术采用行为影响因素分析时，均是从某一时点上笼统地展开分析，对于测土配方施肥技术采用率低的问题，多是从资源禀赋、个体特征、家庭特征、政策措施、市场环境等内外部因素厘清造成这一问题的症结所在。但是，没有对农户测土配方施肥技术初次采用行为和持续采用行为进行有效区分，而两类行为的发生机理存在显著差异，研究对象较为笼统将导致研究结论缺乏严谨性、准确性。

3. 既有相关研究多关注于绿色生产技术采用后对农业生产带来的影响，缺乏对影响期望确认，即一种主观层面技术效果的关键因素的探讨和识别

绿色生产技术的推广与应用的目的在于，提高农业生产效率、改善农村生态环境、增加农民收入等，而在现有研究中已有较多学者对技术应用效果进行关注和分析。期望确认作为一种主观层面的技术效果，是一项新技术采用后的效果与采用前的期望水平相比较后得出，很少学者关注到期望确认的关键影响因素。事实上，在实际农业生产行为决策中，尤其是在持续采用行为决策时，农户对技术效果是非常关注和重视的。缺乏对这一问题的深入讨论和分析，势必会对农户绿色生产技术的持续应用产生影响。

四、分析框架

本研究尝试从技术初次和持续采用行为细分视角解决农户测土配方施肥技术实际采纳率低的问题。结合农户行为理论、农业技术推广理论、持续使用模型等理论，以"技术认知—行为细分—机理解析"的逻辑主线，由表及里、由浅入深地对农户测土配方施肥技术初次和持续采用行为进行剖析和讨论。具体框架见图2-6。

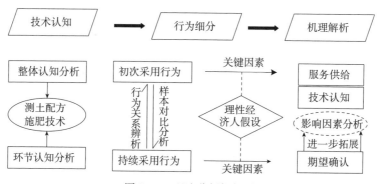

图2-6　理论分析框架图

首先，认知是技术采用行为发生的基础，而厘清和区分农户对测土配方施肥技术整体认知与环节认知更是开展技术采用行为研究的重要前提。通过系统了解农户对测土配方施肥技术及各环节的认知情况，识别出农户对测土配方施肥技术的认知偏差现象，以回答测土配方施肥技术覆盖率与农户知晓率之间存在较大差距的原因。

其次，技术采用行为细分是分析行为发生机理的关键。初次采用行为和持续采用行为的发生机理是完全不同的，只有对两种采用行为及其对应的样本进行明确区分，才能准确识别各自的关键影响因素。从理论层面，对初次采用行为和持续采用行为进行辨析；从实践层面，利用问卷设计对样本农户技术采用行为进行细分。

最后，农户技术采用行为发生机理分析是本研究的核心。厘清农户测土配方施肥技术初次采用行为和持续采用行为的发生机理，准确识别两种采用行为的关键影响因素，是制定促进农户技术采用政策的主要依据。进一步地，基于农户与农技推广主体之间的信息不对称事实，对影响农户技术持续采用行为关键因素——期望确认进一步展开讨论和分析。

（一）农户对测土配方施肥技术及各环节的认知分析

基于技术推广环节细分视角，对农户测土配方施肥技术及各环节的认知情况进行分析。创新扩散理论指出，认知是农户技术采纳行为的基础和前提。农户对测土配方施肥技术是否形成准确认知，会对其应用该技术的成本收益预期和不确定性产生一定影响，进而影响到技术采用行为决策。为此，在探讨农户测土配方施肥技术采用行为发生机理之前，首先要对农户技术认知情况进行全面了解和掌握。绝大多数研究简单地将测土配方施肥技术推广视为一个整体，而实际上它可以细分为测土、配方、配肥、供应、施肥指导5个环节。每一个环节的工作内容，均是测土配方施肥技术推广系统工作中的重要构成，且各环节之间环环相扣，不可或缺。在实际推广过程中，农业部门、肥料生产企业、农资经销商等相关主体按照以上环节安排开展具体工作。面对这一客观事实，农户是否对测土配方施肥技术整体，以及各推广环节均有所了解？而农户未曾听说测土配方施肥技术，是指他们对"测土配方施肥技术"这个名称以及5个环节一无所知，还是指他们对这个名称未曾耳闻，但对测土、配方、配肥、供应、施肥指导等环节有所了解？对实际情况进行片面了解，势必会造成对基本形势的误判和研究结论的有偏。

基于以上考虑，本研究将从技术推广环节细分视角，将测土配方施肥技术推广细分为测土、配方、配肥、供应和施肥指导5个环节，利用微调查数据，在对农户测土配方施肥技术整体认知和环节认知描述性分析的基础上，将样本农户划分为认知一致型、偏环节认知型、偏整体认知型和无认知型四类，按照认知偏差的定义，即农户对测土配方施肥技术中的某个环节有所了解，但在技术整体认知上却表现为不知道或不了解的情况，或者是对技术整体有所了解，但对其中部分环节缺乏了解，将偏环节认知型和偏整体认知型农户统一为存在认知偏差的农户。接着，通过数据统计分析测算出样本农户对测土配方施肥技术的认知偏差程度，并进一步从感知易用性、感知有用性两个方面对无认知型、认知偏差型和认知一致型农户进行对比分析，最终了解和掌握农户认知偏差对测土配方施肥技术感知的影响，为开展技术采用行为的影响因素分析奠定基础。

（二）农户测土配方施肥技术初次和持续采用行为细分

考虑到技术采用行为的阶段性特征，将农户测土配方施肥技术采用行为细分为初次采用行为和持续采用行为。事实上，农业生产的不确定性、技术选择的多样性，决定了农户技术采用存在阶段性特征。技术采纳行为一般强调某一阶段的静态决策过程，同时也是实现创新扩散的"第一步"，而从本质上实现农业生产方式的绿色转变，需要绿色生产技术的持续应用，从初次采用行为研究拓展到持续采用行为研究，是农户经济行为研究的一种发展趋势，也是实现农业可持续发展的内在要求。从学理层面看，不同阶段的农户技术采用行为的发生机理是完全不同的，主要影响因素也存在较大差异。例如，技术初次采用阶段，由于农户缺乏对测土配方施肥技术的了解和认知，风险大小、成本收益、推广服务等因素必然会影响到农户的初次采用行为决策；而到了持续应用阶段，初次应用经历将会对决策产生重要影响，期望目标是否得到实现、应用风险是否在可控范围内等成为重点关注因素。从实际应用层面看，若在实际研究中不对技术采用行为进行区分，将初次采用行为与持续采用行为并为一谈，必然会导致研究结论有偏和政策建议无效，影响到农技推广服务体系的优化和完善。

为此，本研究在静态的技术采用行为基础上，进一步考虑动态的持续采用行为，通过对调查问卷相关问题的设计，区分出初次采用测土配方施肥技术和持续采用测土配方施肥技术的样本农户，重点考察两种行为的样本特征情况，并利用独立样本 t 检验从个体特征、生产经营特征等方面对两种技术采用行为的样本农户进行对比分析，以验证两种技术采用行为所对应的样本是存在差异的，在实证研究两种技术采用行为的发生机理时需要分开讨论。

（三）农户测土配方施肥技术采用行为的发生机理分析

结合农户行为理论、持续使用模型等理论，解析农户测土配方施肥技术初次采用行为和持续采用行为的发生机理。尽管在一定程度上，持续采用行为是初次采用行为在时间轴上的延续，但从发生机理上看，两种行为存在本质区别，需要分开讨论。但是，需要明确的一点是，无论是初次采用行为，还是持续采用行为，对于农户而言，均是基于行为决策发生时所能掌握的信息，以及对测土配方施肥技术形成的认知，所作出的一种理性行为决策。换言之，两种技术采用行为均是理性行为，是农户作为一个理性经济人，在综合衡量各方面条件后做出的理性选择。为此，本书的研究重点在于，基于理性小农的理论前提，识别和厘清两种情境下影响农户技术采用行为的关键因素，即初次采用行为和持续采用行为的影响因素，不仅是解决农户测土配方施肥技术实际采纳率低的问题的本质要求，也是制定农技推广政策、提高政策执行效率的主要依据。因此，本研究将针对初次采用行为和持续采用行为的发生机理分别展开研究与讨论。

1. 农户测土配方施肥技术初次采用行为的发生机理分析

对于农户的初次采用行为，以测土配方施肥技术代替传统的施肥习惯和施肥方式，这不仅是生产方式的巨大转变，同时也是生产理念、价值观念转变的过程。从理性小农角度分析，农户在这一转变的过程中，必然会面临着学习成本、信息搜寻成本等方面的额外支出，而作为一个理性经济人，在竞争的市场机制中所作的任何行为决策均是基于利润最大化目标进行的，生产成本的增加势必会阻碍农户对测土配方施肥技术等绿色生产技术的采纳和应用。

农技推广服务体系作为政府支持农业发展的重要政策工具，通过信息传递、要素供给等方式，可以降低农户在初次采用测土配方施肥技术过程中的不确定性，以及可能产生的额外成本支出。以技术培训为例，通过向农户介绍测土配方施肥技术的原理、优势以及应用方式，可以更好地帮助农户了解和应用该技术，从而减少应用过程中的不确定情况。不仅如此，农业推广框架理论则进一步指出，影响农业推广服务效率的因素不仅来自农技推广部门，同时也包括服务接受者，农户能否有效吸收相关信息同样也会影响到绿色生产技术的采用情况。认知作为农户绿色生产技术采纳过程的首要阶段，通过对农业技术推广过程中所接触到的信息、服务进行处理和内化，农户会对测土配方施肥技术形成一个初步的认知，包括对技术本身的认知和对农技推广工作的认知。只有对测土配方施肥技术及其推广工作均形成了准确的认知，农户才能对应用该技术的预期收益、成本支出、风险大小等因素做出科学判断。可见，农技推广服务体系的支持程度、农户对测土配方施肥技术及其相关推广工作的认知水平，会综合影响到农户测土配方施肥技术的初次采用行为决策。因此，从服务供给、技术认知两个维度选取适当指标，探讨对农户测土配方施肥技术初次采用行为的可能影响，并进一步从户主年龄、受教育年限、家庭主要收入来源进行样本分组，对农户技术初次采用行为的发生机理展开系统分析和讨论。

2. 农户测土配方施肥技术持续采用行为的发生机理分析

对于农户的持续采用行为，强调的是在农户初次采用测土配方施肥技术之后，形成的一种持续性行为，从时间跨度上看至少涉及两个及以上的作物生长周期。初次采用行为与持续采用行为的区别，关键在于是否有采用经历。初次采用行为决策是发生在第一次采用绿色生产技术之前，对技术的认知更多的是通过农技推广、电视媒体等途径进行信息获取后所形成的；而持续采用行为是农户基于第一次采用绿色生产技术之后，对技术在增产增收、节省劳动力、风险控制等各方面效果的综合评价后所做出的决策。期望确认理论指出，个体在产品初次采用前会形成一个初步的期望水平，采用一段时间后会将产品绩效与期望水平进行比较，即期望确认过程。当期望确认水平较高时，对产品具有较高满意度，从而会表现出持续采用意愿；反之，当期望确认水平较低时，对产品满意度较低，进而表现出较低的持续采用意愿。延续这一分析思路，期望确认会是影响农户测土配方施肥技术持续采用行为的关键因素吗？

此外，前文分析可知服务供给、技术认知会影响农户测土配方施肥技术初次采用行为，而持续采用行为作为初次采用行为的一种延续，同样可能会受到服务供给、技术认知等因素的影响。因此，需要说明的是，在构建农户测土配方施肥技术持续采用模型过程中，即借鉴 Bhattacherjee，等（2008）的扩展的持续使用模型，其中，事后感知有用性同样属于技术认知的一个方面，但前者强调的是农户初次采用后对测土配方施肥技术有用性的感知情况，准确反映农户在初次采用后的技术认知情况，两者存在本质差别。至于服务供给，则以便利条件这一概念进行综合反映，前者强调的是农技推广过程中的相关服务情况，而后者强调的是农户在持续采用行为决策时所面临的便利条件，两者均属于外部环境支持维度。严格意义上说，便利条件的范畴更为宽泛，不仅包括农技推广服务供给情况，也包括农户自身因素，例如丰富的种植经验等。

基于以上分析，本书在构建农户测土配方施肥技术持续采用理论模型时，为突出农业绿色生产技术的特殊性，即绿色生产技术的运用，可以兼顾经济效益和环境效益，实现农业增产增收与生态环境保护的"双赢"目标，将期望确认、事后感知有用性细分为经济价值和环境价值双重维度，进而最终探讨期望确认、事后感知有用性、满意度、自我效能、持续采用意愿以及便利条件对农户测土配方施肥技术持续采用行为的影响机理。

3. 农户测土配方施肥技术期望确认的影响因素分析

识别和厘清农户测土配方施肥技术采用行为，尤其是持续采用行为的关键因素，对促进绿色生产技术的应用、农业生产方式的绿色转型具有十分重要的现实意义。前文理论分析提出，期望确认是影响农户持续采用行为的关键因素，那么如何提升农户技术期望确认水平，成为实现农户持续采用测土配方施肥技术的可行思路，同时也是本研究重要的政策落脚点。农技推广服务体系作为政府支持农业发展的重要政策工具，扮演着将农业技术从实验室向田间地头转移的重要角色，理应成为绿色生产技术推广过程中的重要推手。然而，一个重要的事实是，农户与测土配方施肥技术推广相关主体之间，包括农技推广中心、土肥站、肥料企业、农资经销商等，信息不对称问题普遍存在。而农业推广框架理论指出，作为紧密联结推广服务系统和目标农户系统的关键，沟通与互动将直接影响到农技推广的效率和创新扩散的速度，通过对农业技术推广内容和方式上的沟通和互动，实现技术流、信息流在两个系统之间的有效传导。一旦农户系统与推广服务系统之间信息不畅，出现信息不对称问题，由此从两条路径会对农户期望确认产生影响：一是不利于农户形成科学的施肥认知，对测土配方施肥技术的了解较为片面和局限，进而导致农户对测土配方施肥技术期望水平过高；二是不利于农户技术推广服务的获取，导致农户无法获得高质量的农技推广服务，进而对其应用测土配方施肥技术的效果产生影响。无论是期望水平过高，还是技术效果不佳，都会最终表现为农户对测土配方施肥技术期望确认水平不高。

基于此，本研究从农户与农技推广相关主体之间的信息不对称问题出发，探讨农技推广服务质量和科学施肥认知对农户测土配方施肥技术期望确认的影响，并进一步把期望确认区分为经济维度和环境维度，探讨相关变量对不同维度期望确认影响的异质性情况。

第三章 农户对测土配方施肥技术及各环节认知分析

准确了解农户对测土配方施肥技术的整体认知与环节认知情况，以及两者之间是否存在认知偏差，有助于理解测土配方施肥技术普及率与知晓率不匹配的原因，更有助于探寻农户测土配方施肥技术采用行为的关键影响因素。因此，首先对测土配方施肥技术进行环节上的划分，并对各技术环节之间的联系进行详细阐述；其次，对农户测土配方施肥技术整体认知和环节认知进行分析，并对两者之间的相关性进行检验；最后，在比较农户测土配方施肥技术整体认知和各环节认知的基础上，考察两者之间是否存在偏差，以及探讨认知偏差的产生原因和可能影响。

一、我国测土配方施肥技术推广现状分析

（一）测土配方施肥技术推广的发展历史

回顾我国测土配方施肥技术的发展历史，主要呈现出两个发展阶段：

一是 20 世纪 80 年代到 20 世纪末，以作物产量和品质为目标的测土配方施肥技术推广阶段。1979 年组织进行了第二次全国土壤普查，并于 1981—1983 年开展了大规模的化肥肥效试验，通过组建土壤肥料分析化验室、配备专业技术人员，对上亿个土壤样本进行检测分析，并对氮磷钾以及中微量元素的肥料协同效应进行了田间试验。之后，在 1992 年农业部与联合国开发计划署签订平衡施肥项目合作协议，进一步学习借鉴国际上先进的科学施肥理念、技术和设备，为后来我国测土配方施肥技术的应用和推广提供了理论和实践依据。可以说，在这一阶段发展和推广测土配方施肥技术，最主要的目的在于提高我国的粮食产量，以保障我国的粮食安全。尽管我国较早地推行了测土配方施肥等科学施肥技术，但由于大部分地区过于追求增产，忽视了化肥肥效试验结果，对测土配方施肥技术不够重视，盲目施肥、过量施肥现象较为普遍，化肥利用率一度下降，从 20 世纪 80 年代的 30% 左右下降到 20 世纪末的 10% 左右。

二是进入 21 世纪以来，兼顾作物产量、生态环境、产品质量的测土配方施肥技术推广阶段。随着生态环境与经济发展之间的矛盾逐渐凸显，人们开始意识到过去大量使用化肥的种植方式对农村生态环境造成了严重的破坏。同时，我国粮食生产面临着生产成本不断上升、农产品价格普遍高于国际市场的双重挤压，如何依靠农业科技进步突破资源环境约束，成为新时代我国农业发展必须面对和解决的难题。为此，2005 年中央一号文件中首次提出，要加大对土壤肥力检测，推广使用测土配方施肥技术。紧接着，农业部和财政部联合开展测土配方施肥试点补贴项目，在全国范围内选取 200 个县进行试点。之后，测土配方施肥试点补贴项目成为常态化，2012 年项目县（场、单位）达到 2 498 个，基本覆盖全国县级农业行政区。测土配方施肥技术推广工作的稳步推进，各地区不断摸索，逐渐形成了一批富有成效的推广运行机制，不仅加强了农户的科学施肥意识，肥料利用率也逐步提升，表现出节本增效、保护环境等方面的优势。

（二）测土配方施肥技术推广政策措施

自 2005 年实施测土配方施肥试点补贴项目以来，通过各级政府十多年来所做出的努力，测土配方施肥技术推广工作在转变农户不合理施肥观念、减少化肥投入、提高化肥利用效率等方面均取得了一定成效。在这一过程中，随着技术推广工作的不断深入，政府所采取的政策措施也在不断发生变化，主要表现为四个方面：

一是技术推广初期，以开展测土配方施肥试点补贴项目为主要工作内容。通过在全国范围内选取试点县，2005 年选取了 200 个，2006 年新增 400 个，2007—2009 年同样每年新增 200 个，开展测土配方施肥技术推广工作，具体包括提供技术服务、发放测土配方施肥建议卡、组织参加技术培训等。同时，要求各试点县建立测土配方施肥数据库，以及县域耕地资源空间数据库、属性数据库，进而将耕地地力评价项目和测土配方施肥项目的相关工作进行统一。随着试点补贴项目工作的全面铺开，测土配方施肥技术推广面积逐年增加，据农业部有关统计数据，截至 2016 年，全国测土配方施肥技术推广应用面积近 16 亿亩，覆盖率达到 79.05%。

二是随着技术推广工作的全面铺开，工作重心由普及测土配方施肥技术向强化配方肥应用、改进施肥方式转变。测土配方施肥技术的普及，并不代表农户会实际采纳和应用，通过将测土配方施肥技术进行物化，配方肥的推广和应用使推广工作取得了事半功倍的效果。从 2012 年开始，农业部启动了全国农企合作推广配方肥试点工作，通过选取 100 个县（场）、1 000 个乡镇、10 000 个村实施测土配方施肥整县、整镇、整村推进，将肥料生产企业纳入到测土配方施肥技术推广体系中，充分发挥了政府和企业各自的优势。在 2013 年，通过出台《2013 年全国农企合作推广配方肥实施意见》等文件，对整建制推进测土配方施肥和农企合作推广配方肥等工作进行了细化。

三是按照"大配方、小调整"的技术模式，按区域、按作物制定大配方和施肥方案。2013 年，农业部制定印发《小麦、玉米、水稻三大粮食作物区域大配方与施肥建议（2013）》《2013 年秋冬季主要作物科学施肥指导意见》，针对水稻、玉米和小麦三大粮食作物，且根据生产布局、自然条件、种植制度、土壤条件等确定了水稻大区 5 个、玉米大区 4 个和小麦大区 5 个，同时为各地秋冬季作物的科学施肥提供指导。随着测土配方施肥技术的普及程度不断提高，越来越多的作物被纳入到施肥建议之中，农业农村部种植业管理司、全国农技推广服务中心和农业农村部科学施肥专家指导组共同制定了《2018 年春季主要农作物科学施肥指导意见》《2018 年秋冬季主要农作物科学施肥指导意见》（以下简称"意见"），其中不仅包括在三大粮食作物的大配方和科学施肥指导意见，同时也包括马铃薯、油菜、大豆、棉花、果树、蔬菜等主要农作物，从而对各省份测土配方施肥推广工作进行全面指导。

四是引入现代信息技术，创新发展测土配方施肥技术服务模式。测土配方施肥技术推广的最终目的在于促进农户形成科学施肥理念，合理调整施肥结构。面对测土配方施肥技术难以"落地"的难题，传统的农技推广方式受限于人力、物力等因素，往往难以实现全面普及。为此，2013 年，农业部种植业管理司、全国农技推广服务中心在吉林召开了"全国测土配方施肥收集信息服务现场会"，首次提出要求各地尽快开发和推广测土配方施肥手机信息服务系统，充分利用现代信息技术，创新发展技术推广模式。通过简单的培训，农户便可以通过手机、互联网、智能终端等了解到施肥方案信息，包括土壤酸碱度、氮磷钾的配比、施肥时间和数量等信息，大大地简化了传统的农技推广方式，有效提高了技术推广效率。

（三）测土配方施肥技术主要推广模式

测土配方施肥试点补贴项目在全国范围内的开展，有效地促进了测土配方施肥技术在各地区的推广和应用。由于各地区在农业种植制度、资源禀赋、生产方式等方面存在巨大差异，统一化的技术推广模式并不适用，因此各地区因地制宜，逐渐探索出一批各具特色且富有成效的测土配方施肥技术推广模式。借鉴杨帆（2006），陶帅平、蒋建华（2008）以及李莎莎（2015）等学者对推广模式的总结和归纳，主要可以概括为政府主导合力推进模式、"测、配、产、供、施"一条龙模式、"一张卡"模式、"站厂结合"模式、现场混配供肥模式共5种。

1. 政府主导合力推进模式

政府主导合力推进模式的特点在于，以农技推广部门为主导，化肥生产企业、农资经销商等多主体共同参与。具体而言，以农业农村部、省土肥站统筹全局，指导开展各地区测土配方施肥技术推广工作；以市、县土肥站、农技推广中心开展具体推广工作，包括取土检测、田间试验、配方设计等技术性工作，以及乡镇农村推广人员进行基层推广，宣传、普及测土配方施肥技术。化肥生产企业则按照配方设计，进行配方肥生产，并由各级农资经销商进行销售。同时，农户作为技术最终的使用者和受益者，在与基层农技人员、农资经销商接触的过程中，通过交流、反馈实际应用过程中存在的问题和障碍，进一步优化和完善测土配方施肥技术推广模式。如图3-1所示。

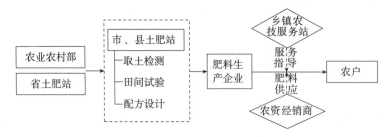

图3-1 政府主导合力推进模式

2. "测、配、产、供、施"一条龙模式

"测、配、产、供、施"一条龙模式的特点在于，各技术推广环节紧密衔接、层层递进。具体而言，测土配方施肥技术推广过程以农技部门为主导，由土肥站进行取土检测、田间试验、配方设计，并进行配方肥的生产。通过乡镇一级农技推广服务中心，向农户提供物化后的测土配方施肥技术服务，主要是以配方肥供给的形式为主。此外，由各级农技推广部门组织开展技术培训，指导农户正确使用测土配方施肥技术。"测、配、产、供、施"一条龙模式，对地方农技推广部门的服务供给能力要求较高，但其优势在于实现各技术推广环节之间的有效衔接，以及配方设计、肥料生产、实际施用的一致性，减少中间环节的信息失真。具体如图3-2所示。

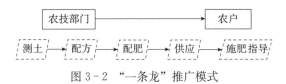

图 3-2 "一条龙"推广模式

3. "一张卡"模式

"一张卡"模式的特点是,将测土配方施肥技术的要领进行提炼、简化,通过发放测土配方施肥建议卡进行技术推广。具体而言,以土肥站为主的地方农技部门通过取土检测、田间试验、配方设计等系列推广环节,制定出适合当地作物种植特点的科学施肥方案,最终以测土配方施肥建议卡的形式进行呈现。在技术实际应用过程中,农户可根据测土配方施肥建议卡自行购买所需肥料,进行配合使用。总体来看,"一张卡"模式既有其优势,也存在一定劣势,优势在于简化了测土配方施肥技术推广的步骤,劣势在于对农户素质要求较高,如果农户对测土配方施肥技术不认同,或者不愿按照建议卡内容进行肥料施用,测土配方施肥技术的节本增效效果便难以体现。具体如图 3-3 所示。

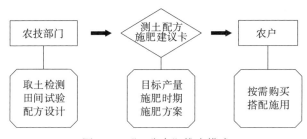

图 3-3 "一张卡"推广模式

4. "站厂结合"模式

"站厂结合"模式的特点在于农技部门与肥料生产企业紧密合作,配方肥生产质量有保障。具体而言,土肥站一方面承担起区域内土壤检测、化验、配方等技术性工作,另一方面组织进行测土配方施肥项目政府采购,选择产品品质良好、具备较强生产能力的大型肥料生产企业,由其按配方生产配方肥。通过土肥站和肥料生产企业的合作,实现了测土、配方和配肥环节衔接,在一定程度上可以保证配方肥的质量,且大型肥料生产企业在业界内具有较好口碑,更易取得农户的信任,在供应环节则依托现有的现代物流体系,主要指各级经销商,实现配方肥的有效供给,确保测土区域农户可以获得配方肥这一必要的生产要素。对于规模种植户,可以直接跳过经销商的中间环节,进一步让利于农户。具体如图 3-4 所示。

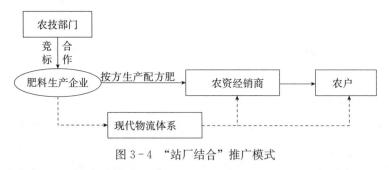

图 3-4 "站厂结合"推广模式

5. 现场混配供肥模式

现场混配供肥模式的特点在于，测土配方施肥技术应用灵活，易于满足不同农户的个性化需求。具体而言，"大配方、小调整"是测土配方施肥技术实际应用过程中需要遵循的一个重要原则。由于种植作物的多样性、各地区土壤条件千差万别以及农技推广部门人力、物力的紧缺，无法满足一个村、一个乡镇对配方设计的个性化需求。现场混配供肥模式，实行的是以区域性大配方为基础、由配肥点现场混配供肥的方式，通过智能配肥设备和专业化的配肥服务指导，满足农户不同土壤情况、不同种植作物更高层次的施肥管理需求。随着农户分化程度越来越高，各类农业新型经营主体逐渐增多，对配方、配肥等方面的个性化服务需求会有明显增加。具体如图 3-5 所示。

图 3-5 现场混配供肥模式

二、测土配方施肥技术的环节构成与联系

（一）测土配方施肥技术的环节构成

从技术内涵来看，测土配方施肥技术是基于土壤测试、田间试验的数据结果，并结合养分归还学说、肥料报酬递减规律、最小养分律等相关理论基础，提出的涵盖有机肥料、氮磷钾以及中微量元素等肥料的施用数量、施用时间和施用方法的科学施肥方案。简言之，测土配方施肥技术是一项"缺什么用什么、缺多少用多少"的科学施肥技术，通过合理控制各类营养元素的配比，实现农作物的精准施肥。根据以上定义，可以看出，测土配方施肥技术的实施与

开展，需要经历一系列的步骤和环节，且各环节之间相互联系、缺一不可。严格意义上说，测土配方施肥技术主要包括田间试验、土壤测试、配方设计、校正试验、配方加工、示范推广、宣传培训、效果评价和技术创新共9项重点内容，而核心环节则可以将其概括为测土、配方、配肥、供应和施肥指导共5项。考虑到农户对各项重点内容和核心环节的可获得性情况，以及实际分析的可操作性和代表性，本书按照核心环节划分的方式，对测土配方施肥技术推广的环节构成进行分析。

测土环节，主要是通过一定技术手段，对土壤中各营养元素含量、有机质含量、酸碱度等内容进行测定，主要目的在于了解和掌握土壤的供肥能力。一般来说，具体包括两个方面内容：一是取土，为确保土壤取样具有代表性，以50～100亩为一个样本点，按照S形或东南西北中各选取5～10个样本点；二是化验，由于该部分内容技术门槛较高，一般由农技推广部门完成，但随着技术的进步，便携式土壤养分检测仪逐渐得到应用，越来越多的服务主体参与到测土环节的推广之中。

配方环节，主要是指根据土壤养分检测结果，同时结合作物产量目标、作物需肥量以及田间试验结果等因素，由专业人员制定并形成一个科学的施肥方案。同样，配方环节的技术要求较高，一般以农技部门、农业科研院校进行设计和制定。在配方设计过程中，针对不同区域、不同作物以及不同产量目标，分别设计相应的配方。在实际应用中，配方过程强调针对性和适用性，同时为满足个体化需求，一般遵循"大配方、小调整"的技术原则。

配肥环节，主要是指配方肥的加工和生产过程，一般由肥料生产企业完成。配方肥作为测土配方施肥技术最主要的物化形式，自2012年农业部实行整建制推进时，便以配方肥的推广和应用作为测土配方施肥技术推广工作的重点。严格把控配方肥的质量成为保障测土配方施肥技术应用成效的关键，因此在实际推广过程中，由农技部门招标选取符合条件的肥料生产企业，根据统一配方生产配方肥。当然，在不同的农技推广模式下，配肥过程存在不同的表现形式，通过设置配肥点，以物理方式按照相应配方进行混配，或者农户根据施肥建议卡自行购买和搭配。

供应环节，主要是指配方肥的销售和供应过程，农户作为测土配方施肥技术的最终应用者，其能否有效地购买到配方肥成为影响其技术采纳与应用的关键。一般来说，配方肥的供应由肥料生产企业的销售点、农资经销商完成。当然，在不同的测土配方施肥技术推广模式下，配方肥的供应方式存在一定差别。对于定点合作肥料生产企业提供的配方肥，一般以定向供应的方式为主，即专供项目试验区的农户施用，而对于大型肥料企业以大区域配方进行生产的配方肥则不受项目区限制，进行全市场的供应和销售。

施肥指导环节，主要是指相关主体通过宣传、培训、示范等方式，指导农户正确使用测土配方施肥技术。相较传统施肥方式，测土配方施肥技术是基于耕地质量客观数据和科学理论形成的一种科学施肥技术，强调精准施肥，对农户的实际操作具有较高的要求，因此通过施肥指导环节，引导农户形成合理的施肥理念和习惯。目前来看，常见的几种方式主要为：组织农户参加测土配方施肥技术培训、发放测土配方施肥建议卡，以及通过示范基地的形式供农户参观学习等。

（二）测土配方施肥技术环节的联系

正如前文所述，测土配方施肥技术可以细分为测土、配方、配肥、供应和施肥指导 5 个环节。尽管每一环节内容不尽相同、服务主体也存在差异，但各环节在测土配方施肥技术推广中均承担重要角色，且呈现出环环相扣、缺一不可的紧密关系。

第一，测土是开展配方设计的前提，测土结果是实施测土配方施肥技术最主要的数据依据。测土的目的在于了解土壤的供肥能力，只有明确掌握土壤中氮磷钾、中微量元素、有机质、酸碱度等基础性数据，才能开展科学的配方设计。测土结果的准确与否，直接关系到配方设计的针对性和有效性，并且一旦测土过程不科学或测土结果不准确，则会从配方环节依次传导到后续各个环节，最终导致出现测土配方施肥技术低效、甚至无效的情况。

第二，配方设计是科学配制配方肥的基础，是测土配方施肥技术发挥效果的核心所在。配方设计最终的呈现方式，是综合土壤检测、田间试验、肥料效应等多方面因素，制定而成的科学施肥方案，包括肥料品种、亩施肥量、施用方法等内容。其中，最关键的是配方肥的氮磷钾及中微量元素的配比情况，只有配方设计准确，肥料生产企业才能依据配方进行生产，适应不同地区、不同作物的生长需要，否则生产出的配方肥缺乏科学依据，影响最终施用效果。

第三，供应环节是实现配方肥"落地"的关键，是测土配方施肥技术从理论知识向生产实践转变的踏板。配方肥作为测土配方施肥技术最主要的物化形式，从肥料市场角度来看也是一种产品，因此只有被消费者（农户）广泛购买和使用，才能实现产品的价值，即发挥测土配方施肥技术节本增效、保护环境等方面的效果。为此，是否形成完善的供应链体系，不仅影响到肥料生产企业的销售，同时也会影响到农户的购买，进而可能阻碍测土配方施肥技术的推广。

第四，施肥指导环节，以技术培训、施肥建议卡等形式对测土、配方、配肥等环节的内容进行具体化、简单化。无论是测土环节的土壤取样检测，还是配方环节的田间试验、配方设计，对于农户而言，尤其是文化水平较低、综合素质不高的小农户，难以理解和接受测土配方施肥技术的核心要领，因此需要通过施肥指导，引导农户转变传统施肥理念，同时对具体的使用过程进行全面讲解，确保农户正确使用测土配方施肥技术。在一定程度上，施肥指导环节可被视作为一座信息传递的"桥梁"，使得农户可以全面了解到测土配方施肥技术的科学性、有效性等内容。

综上所述，测土、配方、配肥、供应和施肥指导5个环节，每一个技术环节在测土配方施肥技术推广中都至关重要，各自扮演着重要角色，且任一环节的缺失都会影响到测土配方施肥技术的系统性和完整性，从而最终影响到该技术的推广和应用。

三、农户对测土配方施肥技术及各环节的认知现状分析

创新扩散理论指出，认知是个体技术采纳行为的基础和前提。农户对测土配方施肥技术是否形成准确认知，将直接影响到技术采纳行为发生的可能性大小。上文也提到，测土配方施肥技术推广可以分为5个具体环节，每一环节在整个技术推广过程中的作用和定位完全不同，每一环节的技术推广与农户的技术采用行为之间均可能存在一定关系。因此，需要从技术整体和环节细分两个维度进行农户技术认知的分析。

（一）农户对测土配方施肥技术的整体认知分析

图3-6表示的是农户对测土配方施肥技术的整体认知情况，以李克特五分量表进行反映①。从中可以看出，样本农户对测土配方施肥技术了解程度较低，选择"非常不了解""较不了解"的比例之和为53.38%；仅有26.88%的农户对测土配方施肥技术有所了解，其中仅有4.25%的农户表示非常了解。进一步计算样本均值，仅为2.54，甚至未达到"一般"水平的赋值。相关研究的调查结果也显示，当前农户对测土配方施肥技术了解程度较低，有56%

① 由于在技术环节认知方面部分样本数据缺失，除特殊说明地方外，本章节以800份有效问卷进行分析。

的样本农户未曾听说，且对该技术有所了解的不足 20%（王思琪 等，2018；谢贤鑫 等，2018）。与本书的调查结果较为相似，在一定程度上反映出，尽管测土配方施肥技术推广了多年，但农户对该技术的了解程度普遍较低。

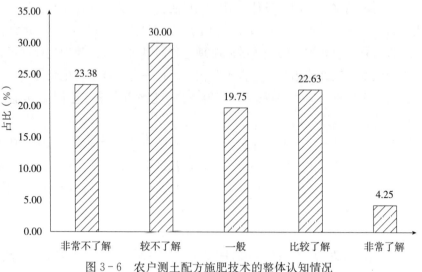

图 3-6　农户测土配方施肥技术的整体认知情况

　　为对农户测土配方施肥技术整体认知进行深入分析，本书进一步从感知易用性和感知有用性两个方面进行分析和探讨。感知易用性（Perceived Ease of Use）和感知有用性（Perceived Usefulness）的概念主要借鉴于 Davis（1986）提出的技术采纳模型（TAM）中的定义，即对于一个潜在技术采纳者，从主观层面对采用新技术的易用程度，以及采用后提高个体生产效率的可能性进行判断。在实际变量设置时，主要借鉴了吴丽丽、李谷成（2016），朱月季等（2015）等相关研究，其中感知易用性主要以"学习掌握测土配方施肥技术对我很容易""通过技术的讲解，我很容易理解测土配方施肥技术的技术要领""通过简单的培训我能掌握并熟练使用测土配方施肥技术"共3个问题进行反映；感知有用性方面，主要考虑到应用测土配方施肥技术不仅具有经济效益，也具有环境效益，因此从提高粮食单产、节约生产资料投入、节约劳动力以及改善土壤质量、保护生物多样性、缓解水体污染共6个指标设计相应问题。

　　图 3-7 表示的是农户对测土配方施肥技术感知易用性的基本认知情况。从中可以明显看出，在感知易用性3个指标上，即易于学习掌握技术、易于理解技术要领和熟练应用技术，选择"较同意"的样本农户最多，分别为 45.63%、45.13% 和 40.13%，其次为选择"一般"的样本农户，分别为

23.00%、21.63%和24.13%。此外，也有少部分农户选择了"非常同意"。进一步计算3个指标的样本均值，分别为3.53、3.63和3.66，均处于较高水平。这表明，总体上农户认为通过技术培训、技术讲解等方式，以及结合自身长期形成的种植经验，可以容易地掌握和应用测土配方施肥技术。

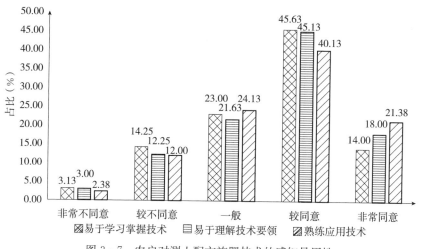

图3-7　农户对测土配方施肥技术的感知易用性

　　图3-8表示的是农户对测土配方施肥技术在经济维度的有用性感知情况。整体来看，在经济维度的三个指标，即提高粮食单产、节约生产资料投入和节省劳动力，农户基本表现出了相似的特征，以选择"一般"的样本农户居多，占样本总数的34.38%、40.38%和39.50%，其次是选择"较同意"的样本农户，尤其是在提高粮食单产方面，占样本总数的41.38%。此外，选择"非常同意"的样本农户也比较多，其中同样是在提高粮食单产方面，有18.63%的农户表示非常同意。进一步计算三个指标的样本均值，分别为3.72、3.32和3.44，可见农户对测土配方施肥技术在提高粮食单产方面的作用感知是比较强烈的，但总体来看农户对测土配方施肥技术的经济价值感知普遍较高，反映出农户对该技术在经济维度的作用已形成了较为科学准确的认知。

　　图3-9表示的农户对测土配方施肥技术在环境维度的有用性感知情况。相较经济维度感知有用性的样本分布情况，环境维度感知有用性的样本农户更趋于正态分布，呈现出"两端低、中间高"的分布特征。其中，无论是改善土壤质量、保护生物多样性，还是缓解水体污染，均至少有40%的样本农户选择了"一般"的选项，其中在保护生物多样性指标上甚至接近了50%，表明近半数农户对测土配方施肥技术在环境维度的作用持不确定态度，无法做出一

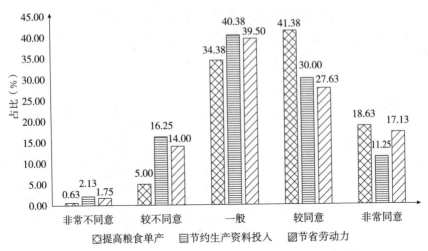

图 3-8 农户对测土配方施肥技术经济维度的感知有用性

个明确的判断，这也间接反映出当前农户对应用测土配方施肥技术的环境效益
缺乏足够的了解。当然，也有部分农户表示出肯定的态度，即在三个题项上选
择了"较同意"和"非常同意"，样本占比之和分别为 48.50%、34.26% 和
36.63%。进一步计算三个指标的样本均值，分别为 3.48、3.23 和 3.24，农
户对测土配方施肥技术在改善土壤质量方面的有用性评价相对较高，但与经济
效益维度的三个指标相比，仍存在一定差距。可能的原因是，农户在对测土配
方施肥技术的了解过程中，更关注该技术的经济效益，进而对技术效益有更准
确的了解和更高的认知水平。

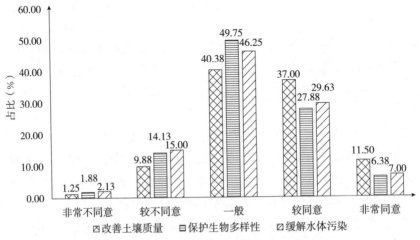

图 3-9 农户对测土配方施肥技术环境维度的感知有用性

（二）农户对测土配方施肥技术的环节认知分析

基于测土配方施肥技术推广分为测土、配方、配肥、供应和施肥指导 5 个主要环节，在进行农户环节认知分析时，主要从两个方面展开：

一方面，以农户视角，分析测土配方施肥技术主要环节的推广情况，具体统计结果如表 3-1 所示。①测土环节，以"农户是否见过或听说过相关人员进行下田取土"进行反映，结果显示，有 61.63% 的农户选择了"是"，说明半数以上的样本农户对测土环节有所了解。②配方环节，以"当地是否有各类配方服务组织"进行反映，结果显示，仅有 32.75% 的农户表示知道当地有配方服务组织，仍有 67.25% 的农户对配方环节的技术推广缺乏认识和了解。③配肥环节，以"当地是否有各类配肥服务组织"，结果显示，有 33.62% 的农户表示当地有各类配肥服务组织。尽管各类市场化主体逐渐参与到农技推广之中，但从配方和配肥环节来看，农技服务的覆盖面仍有较大的提升空间。④供应环节，以"农户家庭附近是否有配方肥供应点"进行反映，结果显示，近半数的农户（45.25%）表示附近有配方肥供应点，可以选择购买配方肥。⑤施肥指导环节，以"农户是否收到过测土配方施肥建议卡"进行反映，根据统计结果可知，仅有 16.88% 的农户表示在实际生产过程中收到过施肥建议卡，绝大多数农户（83.12%）未能有效获取。

总而言之，农户对测土配方施肥技术各环节推广情况的了解程度存在一定差异，与单纯将测土配方施肥技术视为一个整体，考察农户技术认知的方式相比，从技术推广环节细分视角进行考察，可以获得更丰富、更全面的技术认知信息。

表 3-1　测土配方施肥技术主要环节的推广情况

环节推广	测土环节		配方环节		配肥环节		供应环节		施肥指导环节	
	频数	占比（%）	频数	占比（%）	频数	占比（%）	频数	占比（%）	频数	占比（%）
是	493	61.63	262	32.75	269	33.62	362	45.25	135	16.88
否	307	38.38	538	67.25	531	66.38	438	54.75	665	83.12

注：根据调研问卷整理所得。

另一方面，从认知视角，分析农户对测土配方施肥技术主要推广环节的认知情况。一般来说，测土配方施肥技术推广行为是一种客观事实，土肥站、农技推广服务站、农资经销商等不同主体依据各自角色定位和分工，在技术推广过程中承担着相应责任和义务，而作为绿色生产技术的主要推广对象，农户是否了解或接触过其中某个环节的推广行为，是影响农户技术采纳的一个重要方面。但更为关键的是，农户对相关推广环节及推广活动是否形成准确认知，将会直接影响到农户对测土配方施肥技术易用性、有用性等方面的评价情况，从而影响到农户的技术采纳决策。为此，本书主要从测土、配方、配肥和供应4个推广环节选取相应问题，了解农户的认知水平，具体情况如表3-2所示。

①测土环节，以"农户对土壤取样检测提高配方肥的精准配制的作用认知"进行反映，结果显示，以选择"比较大"选项的农户居多，占样本总量的39.13%，其次为选择"一般"选项的农户，占样本总量的27.62%，选择"非常大"选项的农户同样有21.50%。总体来看，半数以上的农户（60.63%）认为土壤取样检测对配方肥的精准配制有较大的作用，而仅有1/10的农户（11.75%）认为土壤取样检测没什么作用，这表明大多数样本农户对测土环节已形成较为科学的认识和了解。

②配方环节，以"农户对相关组织根据土壤检测结果进行配方设计的信任情况"进行反映，从统计结果来看，与测土环节的样本分布较为相似，其中以选择"比较相信"选项的农户居多，占样本总量的37.38%，选择"一般""非常相信"选项的农户分列二、三位，占样本总量的32.37%和17.63%。此外，仍有12.62%的样本农户对配方设计过程的准确性、科学性持怀疑态度。简言之，半数以上的农户（55.10%）对配方设计表现出了足够的信任。

③配肥环节，以"农户对肥料生产企业严格按照配方设计进行生产配方肥的认知情况"进行反映，结果显示，有53.88%的样本农户认为肥料生产企业并不会严格按照配方设计进行生产，仅有46.12%的样本农户对配肥环节持肯定态度。一般来说，配方肥生产企业是经过严格筛选和把控的，农业相关部门对企业所生产的配方肥会进行质量检测，从理论上来说配方肥不会存在质量问题。然而，信息的不对称，极易导致农户对市场供应的配方肥缺乏信任，从而会影响到农户的技术采用行为。

④供应环节，以"农户对配方肥和传统复合肥是否存在区别的认知情况"进行反映。尽管配方肥和传统复合肥均是以氮磷钾为主要营养元素构成，但配比的不同直接决定了肥料的施用效果，而农户对两种肥料是否存在区别的认知情况，不仅反映出农户的肥料区分能力，而且还是农户对测土配方施肥技术的核心内容掌握情况的重要体现。从统计结果来看，1/3左右的农户（33.50%）表示不清楚配方肥和传统复合肥之间是否存在区别，更有8.50%的农户认为两者没有区别，但仍有58.00%的农户认为两者之间存在明显区别。总体来看，半数以上的农户对配方肥形成了准确的认知，基本掌握了测土配方施肥技

术的核心内容，即通过调整氮磷钾的配比实现精准施肥的基本技术原理。

表 3 - 2 测土配方施肥技术主要推广环节的农户认知情况

项目	选项	样本数	占比（%）	项目	选项	样本数	占比（%）
测土环节重要性认知	非常小	56	7.00	配方设计信任水平	非常不相信	39	4.87
	较小	38	4.75		较不相信	62	7.75
	一般	221	27.62		一般	259	32.37
	比较大	313	39.13		比较相信	299	37.38
	非常大	172	21.50		非常相信	141	17.63
肥料有无区别	不清楚	268	33.50	化肥企业严格生产	是	369	46.12
	有区别	464	58.00				
	没区别	68	8.50		否	431	53.88

注：根据调研问卷整理所得。

（三）农户技术整体认知与环节认知的相关性分析

为进一步探讨农户测土配方施肥技术整体认知与环节认知之间的相关性情况，本书利用 SPSS 19.0 对两者进行了交叉表分析，结果如表 3 - 3 所示。总体来看，农户整体认知与各环节认知之间的 Pearson 检验 χ^2 值均通过了 1‰ 水平下的显著性检验，表明两两之间存在较强的相关性。

具体而言：①测土环节中，取土检测与技术整体认知的 Pearson 检验 χ^2 值为 268.242，通过了 1‰ 水平下的显著性检验。从样本具体分布来看，当农户在取土检测选择"否"时，随着整体认知水平的提高，对应的各样本占比逐渐减少，即从 51.79% 逐渐降低至 0.65%；与此对应的是，当农户在取土检测选择"是"时，技术整体认知从"非常不了解"的 5.68% 逐渐增大至"较了解"的 32.05%，进一步表明两者之间存在正相关关系，即取土检测的环节认知水平越高，农户对测土配方施肥技术整体认知水平也越高。

②配方环节中，配方服务组织与技术整体认知的 Pearson 检验 χ^2 值为 161.676，通过了 1‰ 水平下的显著性检验。结合样本分布情况看，当农户在配方服务组织选择"否"时，技术整体了解情况从"非常不了解"的 33.46% 逐渐下降至"非常了解"的 1.86%，与此相对，在配方服务组织选择"是"时，对应数值从"非常不了解"的 3.62% 逐渐增大至"较了解"的 41.60%，表明两者之间存在正相关关系，即配方环节的环节认知水平越高，农户对测土配方施肥技术整体认知水平也越高。

③配肥环节中，配肥服务组织与技术整体认知的 Pearson 检验 χ^2 值为

136.235，通过了1%水平下的显著性检验，表明两者之间存在相关关系。进一步结合样本分布情况看，当农户对配肥服务组织存在一定了解时，即配肥环节选择"是"时，其选择"较了解""非常了解"的样本占比（48.33%）显著高于在配肥环节选择"否"的情形（16.00%）。换言之，配肥服务组织可以有效提高农户对测土配方施肥技术的整体认知水平，表明配方环节认知与整体认知之间存在正相关关系。

④供应环节中，配方肥供应与技术整体认知的 Pearson 检验 χ^2 值为106.714，通过了1%水平下的显著性检验。样本分布情况进一步反映出两者之间存在高度的正相关关系，无论是在无配方肥供应点时，农户技术整体了解情况从"非常不了解"的35.39%逐渐下降至"非常了解"的2.51%，还是在有配方肥供应点时，农户技术整体了解情况从"非常不了解"的8.84%逐渐上涨至"较了解"的32.87%，均反映出供应环节认知水平的提高，可以有效地提升农户技术整体认知水平。

⑤施肥指导环节中，施肥建议卡与农户技术整体认知的 Pearson 检验 χ^2 值为104.360，通过了1%水平下的显著性检验。样本分布情况基本相似，在环节认知选择"否"时，随着技术整体认知水平的提升，样本占比逐渐减小，从27.22%减小至2.56%；而在选择"是"时，则呈现出样本比例逐渐增加的趋势。这表明施肥指导环节认知水平的提高，同样可以有效地提升农户技术整体认知水平。

表3-3 农户技术整体认知与环节认知的相关性分析结果（%）

技术环节了解情况		测土配方施肥技术整体了解情况					Pearson检验 χ^2 值
		非常不了解	较不了解	一般	较了解	非常了解	
测土环节	否	51.79	31.27	8.80	7.49	0.65	268.242***
	是	5.68	29.21	26.57	32.05	6.49	
配方环节	否	33.46	32.90	18.40	13.38	1.86	161.676***
	是	2.67	24.05	22.52	41.60	9.16	
配肥环节	否	32.77	32.77	18.46	14.12	1.88	136.235***
	是	4.83	24.54	22.30	39.41	8.92	
供应环节	否	35.39	32.19	15.75	14.16	2.51	106.714***
	是	8.84	27.35	24.59	32.87	6.35	
施肥指导环节	否	27.22	32.93	19.55	17.74	2.56	104.360***
	是	4.44	15.56	20.74	46.67	12.59	

注：表中各环节认知的内涵与表3-1相同；***表示 Pearson 检验 χ^2 值通过1%水平上的显著性检验。

四、农户对测土配方施肥技术的认知偏差分析

认知偏差，主要是指农户对测土配方施肥技术中的某个环节有所了解，但在技术整体认知上却表现为不知道或不了解的情况，或者是对技术整体有所了解，但对其中部分环节缺乏了解。从统计层面看，认知偏差会导致数据调查有偏、低估了政策推广效果；从技术推广层面看，认知偏差反映出的是尽管农户接触过相关技术服务，但由于缺乏系统性的认知和了解，最终会影响到测土配方施肥技术的采纳与应用。为此，本小节首先通过对不同技术环节了解个数的样本比例与整体认知比例进行比较分析，接着在对农户类型划分的基础上，计算农户测土配方施肥技术认知偏差程度，最后探讨认知偏差对感知有用性、感知易用性的影响。

（一）农户技术整体认知与环节认知的对比分析

表 3-4 为农户测土配方施肥技术环节了解个数的样本统计情况。从中可以看出，当农户至少了解一个环节时，样本量为 594 个，占样本总数的74.25%。结合图 3-6 农户对测土配方施肥技术的整体认知情况，若将"比较了解""非常了解"统一归并为"了解"时，仅有 26.88% 的农户了解测土配方施肥技术。与至少了解一个环节的样本比例相比，两者相差了 47.37%，说明农户对测土配方施肥技术的某一个环节认知水平远远高于整体性技术认知。尽管农户可能只对其中一个环节有所认知，对测土配方施肥技术的了解较为有限，但从一个侧面反映出测土配方施肥技术的推广工作确实已取得了一定成效。此外，当至少了解三个环节时，样本量为 281 个，仍占样本总数的35.13%，同样比整体认知的 26.88% 多出了 8.25%，进一步证实了现实农业技术推广中农户认知偏差现象的存在。

随着技术环节了解个数的增加，农户样本数逐渐减小，当农户对测土、配方、供应等均有所了解时，样本数仅为 71 个，占样本总数的 8.88%。这也反映出另一个问题：当前样本区域测土配方施肥的技术推广工作并未形成一个系统，从农户视角来看，部分环节尚存在服务供给不足的现象，仅有极少数的农户对测土配方施肥技术各环节有所了解。环节认知是形成技术整体认知的基础，因此在现实推广过程中应重视各技术环节的推广，增强农户对测土配方施肥技术整体认知水平。

表3-4　农户测土配方施肥技术环节了解个数

环节了解个数	样本数	占总样本的比例（%）
至少1个	594	74.25
至少2个	405	50.63
至少3个	281	35.13
至少4个	170	21.25
至少5个	71	8.88

注：表中的环节划分与表3-1一致，即包括测土、配方、配肥、供应、施肥指导共5个环节。

（二）技术认知组合下不同农户类型划分

通过前文对技术环节了解个数的分析，发现农户对测土配方施肥技术确实存在一定程度的认知偏差。为更直观地展现农户对测土配方施肥技术整体认知与环节认知的样本分布情况，进而识别出存在认知偏差的样本农户，为此通过整体认知和环节认知的不同组合，对农户类型进行划分。同时，为减少不确定性对本书分析的影响，将农户测土配方施肥技术的整体认知进行处理，将"非常不了解""较不了解"归并为"不了解"，将"较了解""非常了解"归并为"了解"，同时剔除选择"一般"的样本农户。因此有效问卷为642份，其中无整体认知样本427份，有整体认知样本215份。根据环节认知和整体认知的取值，可以将样本农户区分为四类（图3-10）：①认知一致型，对技术整体和环节均有所了解；②偏整体认知型，对技术整体有所了解，但对环节不了解；③偏环节认知型，对环节有所了解，但对技术整体不了解；④无认知型，对技术整体和环节均不了解。按照前文的定义，偏环节认知型和偏整体认知型均属于认知偏差的范围。

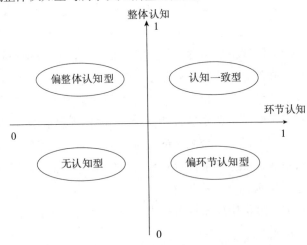

图3-10　整体认知与环节认知组合类型划分

（三）农户技术认知偏差程度测算及原因分析

基于对农户类型的划分，并结合不同环节认知标准，得到农户测土配方施肥技术认知偏差分析结果（表3-5）。总体来看，约21.65%～40.04%的样本农户存在测土配方施肥技术认知偏差，且随着环节认知标准的提高，认知偏差的样本比例逐渐减少。

具体而言，当以至少了解一个环节作为环节认知标准时，偏环节认知型农户样本最多，占总样本的38.01%，同属于认知偏差范围的偏整体认知型农户相对较少，仅占总样本的2.03%。由此可以得出，偏环节认知型和偏整体认知型农户样本之和为257个，占总样本的40.04%。随着环节认知认定标准的提高，即从至少了解一个环节提高至至少了解三个环节，偏环节认知型农户样本量有较大幅度的下降，仅占总样本的10.75%，与此同时偏整体认知型农户样本有所增加，样本占比上升至10.90%，两者之和为21.65%，即仍有1/5左右的农户对测土配方施肥技术存在认知偏差。此外，无认知型农户样本占比呈现出逐渐上升的趋势，从28.50%增大至55.76%，而认知一致型农户则呈现出相反的趋势，从31.46%减小至22.59%。

环节认知标准的提高，是造成各类样本占比发生显著变化的主要原因，但透过数据的变化可以得出：农户对测土配方施肥技术存在一定程度的认知偏差。而出现这一现象的原因，主要在于农业部门缺乏对环节推广的重视，进行技术推广时缺乏系统性，导致多数农户仅对测土配方施肥技术推广中的少数环节有所了解。实际调研过程中也发现，各地区农技部门定期进行土壤取样检测，然而多数农户却对这一行为缺乏了解，表示并不知道取土的用途。此外，配方、配肥等环节工作主要由土肥站、肥料生产企业完成，与农户接触较少，但作为测土配方施肥技术推广的重要构成，需要在实际推广过程中进行说明和宣传，以此提高农户对各推广环节的了解程度，尽可能减少农户与农技部门之间的信息不对称问题。

表3-5　农户技术认知偏差分析结果

农户类型	至少了解1个环节		至少了解2个环节		至少了解3个环节	
	频数	占比（%）	频数	占比（%）	频数	占比（%）
无认知型	183	28.50	300	46.73	358	55.76
偏环节认知型	244	38.01	127	19.78	69	10.75
偏整体认知型	13	2.03	40	6.23	70	10.90
认知一致型	202	31.46	175	27.26	145	22.59

（四）认知偏差对农户技术感知的影响

从前文分析可知，无论是从整体层面还是从各环节层面，农户对测土配方施肥技术均存在一定程度的认知偏差。一般来说，认知是行为产生的前提和关键。农户对测土配方施肥技术在整体认知与环节认知上存在的偏差，是否会进一步影响其对该技术在有用性、易用性等深层次内容的认知？在环节认知不同认定标准下所得的认知偏差的影响是否存在差异性？为准确回答上述问题，本书在对农户类型划分的基础上，在不同的环节认知标准下，对样本农户感知有用性和感知易用性共9个细分维度的平均值进行了统计分析，结果如图3-11所示，其中（a）、（b）、（c）分别表示至少了解一个环节、至少了解两个环节和至少了解三个环节三种情形下的环节认知。具体分析内容如下：

第一，在任一环节认知认定标准下，认知偏差型农户对测土配方施肥技术感知易用性和感知有用性的样本均值均处于无认知型农户和认知一致型农户之间。以感知有用性中的"易于学习掌握"为例，当以至少了解一个环节作为环节认知标准时，无认知型农户、认知偏差型农户和认知一致型农户均值分别为3.14、3.40、4.00。当环节认知标准分别提高为至少两个环节、至少三个环节时，三类农户对应均值分别为3.27、3.44、4.00和3.25、3.70、3.99。这说明，随着农户对技术整体和环节的了解程度逐渐提高，其对该技术有用性、易用性的感知水平也逐渐提升。

第二，相较感知有用性，认知偏差型农户与认知一致型农户在测土配方施肥技术感知易用性方面存在更为显著的差异。以图3-11（a）为例，当以至少了解一个环节作为环节认知标准时，认知偏差型农户在感知易用性的三个细分维度，即易于学习掌握、易于理解要领和熟练应用，样本均值分别为3.142、3.230和3.279，而认知一致型农户对应样本均值分别为3.995、4.158和4.094，表明当农户对测土配方施肥技术整体和各环节均有所了解时，可以显著提升其对技术易用性的感知水平。

第三，随着环节认知标准的提高，认知偏差型农户对测土配方施肥技术感知有用性、感知易用性的综合评分基本呈现出上升趋势[1]。当以至少了解一个环节作为环节认知标准时，其对测土配方施肥技术感知有用性和感知易用性的综合评分为3.39、3.49，当以至少了解3个环节作为环节认知标准时，相应

---

[1] 综合评分表示对感知易用性三个细分维度的样本均值再次求均值，以此综合反映农户对感知易用性的评价情况。感知有用性同样如此。

值为 3.46、3.53，表明尽管同样存在认知偏差，但随着农户对技术环节了解的增加，通过高水平的环节认知与整体认知之间的相互作用，可以提升农户对测土配方施肥技术的综合评价水平。

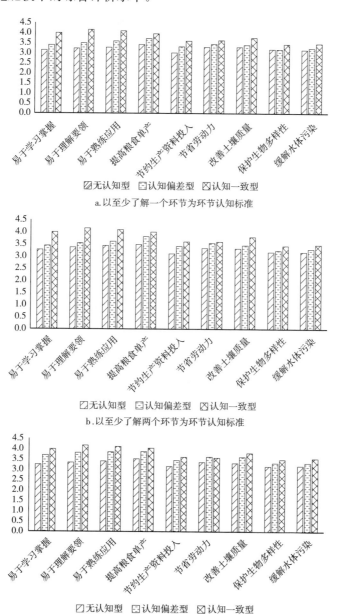

a.以至少了解一个环节为环节认知标准

b.以至少了解两个环节为环节认知标准

c.以至少了解三个环节为环节认知标准

图 3-11 不同标准下的认知偏差对农户感知易用性和感知有用性的影响

五、本章小结

本章在对测土配方施肥技术环节进行划分的基础上，探讨了各环节之间的内在联系，并从整体认知和环节认知两个方面对农户测土配方施肥技术认知进行了系统分析，在引入和定义认知差异的概念之后，对农户测土配方施肥技术的认知偏差程度以及可能的影响进行了讨论。得到以下几点结论：

（1）测土配方施肥技术可以细分为测土、配方、配肥、供应和施肥指导共5个核心环节，且各环节之间呈现出环环相扣、缺一不可的关系。具体而言，测土是开展配方设计的前提，配方设计是生产配方肥的基础，供应环节是实现配方肥"落地"的关键，而施肥指导环节则以技术培训、施肥建议卡等形式对测土、配方、配肥等环节的内容进行具体化、简单化。

（2）农户对测土配方施肥技术整体认知水平偏低，且在环节认知上存在差异。其中，①在整体认知方面，仅有 26.88% 的农户表示对测土配方施肥技术非常了解或比较了解，半数以上的农户（53.38%）表示非常不了解或较不了解。②在环节认知方面，农户对测土、供应和配肥环节的了解程度相对最高，知晓比例分别为 61.63%、45.25% 和 33.62%，且已形成较为准确的认知。

（3）农户对测土配方施肥技术的整体认知与环节认知之间存在高度相关性，但存在一定程度的认知偏差。具体而言：①环节认知与整体认知的 Pearson 检验 χ^2 值均通过了 1% 水平下的显著性检验，结合样本分布情况，表明两两之间均呈现出正相关关系。②以农户至少了解一个环节时，样本占比为 74.25%，远大于农户测土配方施肥技术的整体认知比例（26.88%），初步证实了认知偏差的存在。③在对农户类型进行划分的基础上，约 21.65%～40.04% 的样本农户存在测土配方施肥技术认知偏差。④认知偏差型农户对测土配方施肥技术感知易用性和感知有用性的样本均值处于无认知型农户和认知一致型农户之间，且随着环节认知标准的提高，对测土配方施肥技术感知有用性、感知易用性的综合评分同时呈现出上升趋势。

第四章 农户测土配方施肥技术采用现状及行为细分

第三章对农户测土配方施肥技术的整体认知与环节认知进行了分析，并探讨了两者之间的关系以及可能存在的认知偏差现象。对于技术采用行为，现有研究中同样存在一些"偏差"，即忽视了农户采用行为的阶段性特征，将初次采用行为与持续采用行为并为一谈，将从未采用过该技术与过去采用过、但现在未采用该技术混为一谈。因此，在对农户测土配方施肥技术采用现状进行全面了解的基础上，进一步将技术采用行为细分为初次采用行为和持续采用行为，并对两种行为发生的基本特征进行剖析，为后续章节的深入研究奠定良好的基础。

一、农户测土配方施肥技术采用现状分析

基于调查时点，对样本区域农户测土配方施肥技术的采用行为进行初步统计，具体分布如图 4-1 所示。需要说明的是，对于测土配方施肥技术的采用行为，学界常以农户是否施用配方肥作为表征，本书在此基础上进一步考虑到农户依据测土配方施肥建议卡、农资店老板推荐等信息获取途径，根据施肥建议购买营养成分含量相近的肥料进行替代的施肥方式。前文对测土配方施肥技术的介绍时也提及，该技术的核心内容在于引导农户合理施用肥料，"合理"一词的关键则在于氮磷钾以及中微量元素的配比科学，满足农作物的基本生长需求。不仅如此，测土配方施肥技术推广模式的多样化，造就了多种表现形式的技术采用行为。为此，将两种行为统一视为测土配方施肥技术采用行为，有助于更准确、更全面地了解农业生产中农户实际采纳与应用情况。

从统计结果来看，有 64.60% 的样本农户在 2018 年实际采用了测土配方施肥技术，但仍有 35.40% 的样本农户未采用。相较以往有关研究，例如张聪颖，霍学喜（2018）、佟大建等（2018），其调查结果显示农户测土配方施肥技术采纳率不足 1/3，而本书所调查区域的农户技术采纳率有明显提升。可能的

原因是，在统计时更全面地考虑到测土配方施肥技术采用行为的多种表现形式，因各地测土配方施肥技术推广模式不同，导致不同地区推广重点和方向有所差异，例如武穴市、钟祥市以推广配方肥为主，而南漳县以发放施肥建议卡为主。无论如何，通过考虑技术采用的多种表现形式，在一定程度上对测土配方施肥技术推广效果进行了更为准确的估计。

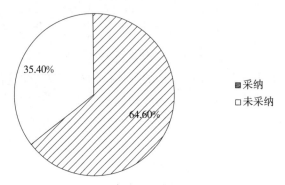

图 4-1 农户测土配方施肥技术采纳现状

在对样本区域农户测土配方施肥技术采用现状进行整体分析的基础上，本书对不同区域的农户技术采用现状也进行了统计，具体结果如表 4-1 所示。从中可以看出，不同地区农户测土配方施肥技术采纳率存在明显的差异。其中，江西省的样本农户测土配方施肥技术采纳率最高，为 72.68%；其次为湖北省，采纳率同样达到了 66.47%；采纳率最低的是浙江省，仅为 38.61%，远远低于江西省和湖北省的技术采纳率。结合实际调研情况来看，浙江省农业生产经营模式的巨大转变，种植大户和小农户两极分化明显，多数小农户仅种植几分、一两亩的水稻，出于节约成本、食品安全的考虑，甚至不用化肥、农药，农业技术推广工作重心也逐渐转移到以鼓励、支持种植大户为主。进一步对浙江省采纳测土配方施肥技术的 39 个样本农户的种植面积进行统计，可以发现，2018 年平均水稻种植面积为 227.31 亩，且 79.49% 的样本农户种植面积大于 10 亩，从一个侧面反映出浙江省技术采纳率较低，源于特有生产模式下小农户技术采纳率偏低。

表 4-1 不同区域农户测土配方施肥技术采用现状

技术采纳行为	湖北省		江西省		浙江省	
	样本数	占比（%）	样本数	占比（%）	样本数	占比（%）
采用	343	66.47	149	72.68	39	38.61
未采用	173	33.53	56	27.32	62	61.39

在对不同区域农户测土配方施肥技术采用现状进行分析的基础上，进一步从不同种植规模的视角对技术采用现状进行了统计，具体内容如表 4-2 所示。在进行样本农户种植规模划分前，主要考虑当前我国小农户耕地经营现状，10亩以下的有 2.1 亿户之多（韩俊，2018），同时借鉴于丽红等（2015）、陈奕山（2018）等对规模户的界定，本书以种植面积小于等于 10 亩的，定义为小规模种植户，样本量为 367 份；种植面积介于 10～50 亩之间的，定义为中规模种植户，样本量为 276 份；种植面积大于 50 亩的，定义为大规模种植户，样本量为 179 份。

从统计结果来看，总体上，不同种植规模农户之间的测土配方施肥技术采纳率较为接近，均在六成上下。具体而言，中规模种植户的测土配方施肥技术采纳率最高，为 69.93%；其次为小规模种植户，采纳率为 63.22%；最后为大规模种植户，采纳率稍稍低于前两者，但也有 59.22%。一般来说，随着种植规模的增大，农户对新技术的需求程度和应用水平均会提高，但从不同规模农户测土配方施肥技术采纳率的统计结果来看，却呈现出大规模种植户的技术采纳率最低的现象。可能的原因是，大规模种植户在生产决策时以稳产为最终目的，出于风险规避的考虑，在实际生产过程中表现出了不愿采纳或可用与不用皆可的状态。

表 4-2　不同规模农户测土配方施肥技术采用现状

技术采纳行为	小规模（≤10 亩）		中规模（10～50 亩）		大规模（>50 亩）	
	样本数	占比（%）	样本数	占比（%）	样本数	占比（%）
采用	232	63.22	193	69.93	106	59.22
未采用	135	36.78	83	30.07	73	40.78

二、农户初次采用行为与持续采用行为的关系辨析

（一）农户测土配方施肥技术采用行为细分

准确界定研究范畴和研究边界，是开展农户测土配方施肥技术采用行为研究的基础，而识别和区分出农户技术初次采用行为和持续采用行为以及两者所对应的样本，更是探讨不同行为发生机理的关键。因此，需要在数据收集过程中设置相关问题，对两种技术采用行为加以区分，主要的步骤分为三个：

第一步，调研时点为 2019 年 8—9 月，调查内容以上一生产周期的情况为主，即 2018 年的技术采用行为，因此根据配方肥施用、按照配方购买使用相近配方的肥料等测土配方施肥技术应用的表现形式，确定关键问题之一——

2018 年农户是否采用了测土配方施肥技术？第二步，通过询问、引导、追忆等方式，让农户回忆 2018 年之前测土配方施肥技术采用行为，即确定关键问题之二——2018 年之前农户是否采用测土配方施肥技术？第三步，进一步追问 2018 年之前采用过的农户，其初次采用时间为哪一年，以及从初次采用到 2018 年期间，是否每年都在采用，即确定关键问题之三——从初次采用到 2018 年之间是否每年都采用了测土配方施肥技术？事后，根据当地推广年份进行核实。

基于农户微观调研，按照"农户 2018 年是否采用测土配方施肥技术"和"2018 年之前是否采用测土配方施肥技术"两个问题，将样本农户技术采用行为分为四类（图 4-2）：持续采用行为、初次采用行为、早期采用但现在未用以及从未采用。以技术采用动态发展的视角来看，农户在每一个水稻生长周期内均会进行测土配方施肥技术的采用行为决策，而每次行为选择的不同决定了农户在一定阶段内所表现出的技术采用行为是存在显著差异的。以两期的农户技术采用行为选择进行一个简单说明，在第一个生长周期内，农户是否采用测土配方施肥技术，可将农户分为采用组 A_1 和非采用组 B_1；在第二个生长周期内，采用组 A_1 和非采用组 B_1 均面临"采用"和"不采用"两种选择，进而会出现四种行为选择组合："采用 A_1—采用 A_2""采用 A_1—未采用 B_2""未采用 B_1—采用 A_2""未采用 B_1—未采用 B_2"，即对应"持续采用行为""早期采用但现在未用""初次采用行为"以及"从未采用"这四类技术采用行为。

进一步地，从样本农户的技术采用行为细分结果来看（图 4-2），持续采用测土配方施肥技术的样本农户有 324 个，占样本总量的 39.42%，与一项基于全国 11 个粮食主产省份的调查数据结果较为接近[①]，间接证明了本书调查数据具有一定的科学性和代表性。从严格意义上说，仅通过 2018 年以及 2018 年之前均采用测土配方施肥技术，无法判定为持续采用行为，因为中间过程是否一直在采用需要进一步明确，因此根据前文提到的，"是否每年都在采用"，以此方式得出的持续采用测土配方施肥技术的样本农户为 284 个，占样本总量的 34.55%。2018 年初次采用测土配方施肥技术的样本农户有 207 个，占样本总量的 25.18%。与上一小节未对两种技术采用行为进行区分时，统计出的测土配方施肥技术采纳率（64.60%）相比，两者整整相差一倍多，而现有研究

---

① 2014 年，农业部开展测土配方施肥项目十年实施效果评估，发现有 42.17% 的农户持续采用该项技术（李莎莎，朱一鸣，2016）。

在分析时均未对此进行考虑，基于技术初次采用行为的相关理论模型进行研究，往往会造成研究结论的不准确。无论是从数据结果，还是从行为发生机理，均凸显了对初次采用行为和持续采用行为进行区分的必要性。

此外，过去采用、但在调查时点未采用的样本农户有 80 个，占样本总量的 9.73%，同时从未采用的样本农户有 211 个，占样本总量的 25.67%。前文分析提到，初次采用行为和持续采用行为是不同的，事实上从未采用和过去采用但在调查时点未采用同样也是不同的，最关键的一点在于后者有过初次采用的经历，相较从未采用的农户而言，采用过测土配方施肥技术之后会对该技术有更准确的了解和判断。

总而言之，根据问卷问题的设置，对样本农户测土配方施肥技术采用行为进行划分，从行为的阶段性视角对农户技术采用行为进行了更加深入、全面的认识和剖析，将技术采用行为从时点上的研究逐渐转向时间区间的研究。其实，创新扩散理论、农业踏板理论等经典理论，按照技术采纳的先后将个体分为创新者、早期大众、落后者等。若从另一个角度考虑，即从采用时间的长短来看，在技术仍处于可以创造超额利润阶段的假设前提下，创新者往往是一种选择持续采用行为的个体，而落后者往往是初次采用或从未采用。因此，本书所开展的测土配方施肥技术的初次采用行为和持续采用行为研究，在一定程度上是对创新扩散理论、农业踏板理论等理论在农业经济领域的应用和传承。

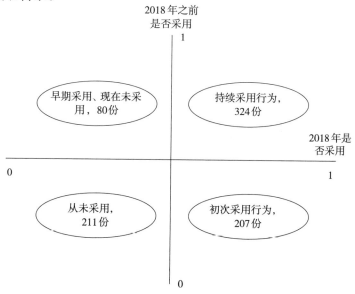

图 4-2　农户测土配方施肥技术采用行为细分及样本分布（$N=822$）

(二) 初次采用行为与持续采用行为的区别与联系

从基本定义来看，技术初次采用行为指的是个体第一次采用某一项新技术，而持续采用行为指的是在某一段时间内个体一直采用某一项新技术。由此可以看出，无论是初次采用行为，还是持续采用行为，均属于技术采纳与应用的内容范畴，两者之间呈现出一种相互联系、但又有所区别的关系。

一方面，初次采用行为和持续采用行为之间相互联系。事实上，初次采用行为是持续采用行为发生的前提和基础，只有农户对绿色生产技术的初次采用，在此基础上才可能形成持续采用行为。在某种程度上，持续采用行为是对初次采用行为在时间维度上的一种延伸，是在多个时间点上的技术采用决策形成的一个集合。不仅如此，在绿色生产技术初次采用的过程中，农户对绿色生产技术的易用性、有用性等方面会形成一个更加科学、客观的认识和评价，同时在初次采用后会对绿色生产技术的经济效益、环境效益有一个直观认识，而这些认识、评价均会进一步影响到农户测土配方施肥技术持续采用的行为决策。

另一方面，初次采用行为和持续采用行为之间有所区别，具体表现在三个方面：第一，测土配方施肥技术等绿色生产技术的初次采用是实现农业生产绿色转型的"第一步"，只有广泛应用绿色生产技术，才能从要素投入、生产管理等方面实现农业经济发展与生态环境保护之间协调共处；而绿色生产技术的持续应用则是实现农业生产绿色转型、带动农户从根本上改变传统生产理念和种植方式的关键，因而二者对实现农业绿色转型发展所起到的作用存在一定差异。第二，初次采用行为强调的是某一阶段或时点的静态决策过程，而持续采用行为则更强调技术采用的阶段性特征，属于一种动态行为决策。第三，两种技术采用行为的发生机理和影响因素存在差异。前文分析也提及，初次采用行为决策是基于农户对测土配方施肥技术的认知和了解，以及可以获得的服务支持情况，进而做出采用还是不采用的决策；而持续采用行为是在初次采用的基础上，对测土配方施肥技术形成客观、理性的认识，并将使用后的技术效果与使用前的期望水平进行比较，进而决定是否继续或持续采用。

三、初次采用和持续采用行为的样本特征对比分析

上一小节基于调研数据对农户测土配方施肥技术的初次采用行为和持续采

用行为进行了细分，并对不同技术采用行为的现状进行了统计分析。在进一步分析农户初次采用行为和持续采用行为的发生机理之前，需要对两种行为的个体特征和生产经营特征进行对比，以确定两种行为不仅是在概念界定上存在不同，还在行为主体之间存在显著差异，因此本小节利用独立样本 t 检验的方法，检验初次采用的样本（N＝207）和持续采用的样本（N＝284）是否来自具有相同均值的总体，即对两个样本的均值之差进行检验，判断两个样本是否存在差异性。样本所属群体的不同，资源禀赋的差异会造成行为决策的影响因素不同，而这也是本研究重点关注和需要解决的问题，即初次采用行为和持续采用行为的发生机理。至于在不同指标上两类样本均值谁大谁小的问题，并不是本研究关注的重点。具体操作时主要从个体特征和生产经营特征两个方面展开分析[①]。

（一）基于个体特征的行为对比分析

一般而言，农业生产决策是以家庭户主为主要决策者，且考虑到持续采用行为是一个多阶段的行为决策，若以受访者的个体特征可能无法有效反映不同技术采用行为的样本特征，因此选择户主特征，包括户主年龄、健康水平、受教育程度、公职人员身份共 4 个方面，展开测土配方施肥技术初次采用行为和持续采用行为的个体特征对比分析（表 4-3）。总体上看，测土配方施肥技术初次采用的样本农户和持续采用的样本农户在健康水平和受教育程度两个方面存在显著差异，即在一定程度上反映出两种技术采用行为的样本农户存在差异。

表 4-3 不同技术采用行为的个体特征对比分析

变量	行为分组	样本特征		方差方程的 Levene 检验		均值方差的 t 检验	
		均值	标准差	F 值	Sig.	t 值	Sig.
户主年龄（周岁）	初次采用	56.570	10.146	7.595	0.006***	−1.558	0.120
	持续采用	57.912	8.340				
健康水平（1~5）	初次采用	3.705	0.937	10.025	0.002***	−5.187	0.000***
	持续采用	4.127	0.818				
受教育程度（年）	初次采用	6.763	3.457	0.474	0.492	−2.239	0.020**
	持续采用	7.511	3.549				

① 本小节在界定农户测土配方施肥技术持续采用行为时，强调从初次采用到调查时点过程中的连续性，因此以 284 份样本农户为分析对象。

（续）

变量	行为分组	样本特征		方差方程的 Levene 检验		均值方差的 t 检验	
		均值	标准差	F 值	Sig.	t 值	Sig.
公职人员 （是或否）	初次采用	0.159	0.367	0.488	0.485	0.350	0.726
	持续采用	0.148	0.356				

注：***、**、*分别表示检验值在1％、5％和10％水平下显著；方差方程的 Levene 检验主要检验是否存在方差齐性，若存在则根据"假设方差相等"的均值方差 t 检验结果；若不存在则根据"假设方差不相等"的均值方差 t 检验结果。表中所呈现的是基于方差方程的 Levene 检验结果所对应假设的均值方差 t 检验结果。

具体而言，在户主年龄方面，初次采用测土配方施肥技术的样本农户平均年龄为 56.570 岁，而持续采用测土配方施肥技术的样本农户平均年龄为 57.912 岁，后者稍稍大于前者。单从数据呈现的结果来看，年龄越大的农户越倾向于持续采用测土配方施肥技术。但从均值方差的 t 检验值来看，户主年龄在两种行为样本中并无显著差异。

在健康水平方面，初次采用测土配方施肥技术的样本农户平均水平为 3.705，处于"一般"与"较好"之间，而持续采用测土配方施肥技术的样本农户平均水平为 4.127，处于"较好"与"非常好"之间。通过简单的数据对比可以看出，选择持续采用的农户身体健康自评情况相对更好。进一步根据均值方差的 t 检验来看，t 值为 -5.187，通过了 1％ 水平下的显著性检验，表明在健康水平方面两个样本之间是存在显著差异的。

在受教育程度方面，初次采用测土配方施肥技术的样本农户平均受教育年限为 6.763 年，而持续采用测土配方施肥技术的样本农户平均受教育年限为 7.511 年，相较前者，后者高出近一年的受教育时间。众所周知，文化水平越高，个人对新事物的接受和理解能力越强，从统计结果来看，间接地证实了这一点，文化水平越高、越倾向于持续采用测土配方施肥技术。均值方差的 t 检验从统计层面也证实了，受教育程度在测土配方施肥技术初次采用的样本农户和持续采用的样本农户中存在显著差异。

在公职人员身份方面，初次采用测土配方施肥技术的样本农户均值为 0.159，而持续采用测土配方施肥技术的样本农户均值为 0.148，从数据统计上两者相差并不明显。从均值方差的 t 检验结果来看，公职人员身份在初次采用行为样本和持续采用行为样本中并不存在显著性差异。尽管以公职人员的身份，有更高的综合素质，并且更有可能接触到农业新技术，但由于在两个样本农户中公职人员比例均相对较小，不易于表现出明显的差异。

（二）基于生产经营特征的行为对比分析

前文从个体特征对农户测土配方施肥技术的初次采用和持续采用的两类样本进行了对比分析，得出在部分变量上存在显著差异的结论。为进一步了解两种技术采用行为的样本农户在生产经营方面是否存在差异，本小节从家庭总人口、农业劳动力、家庭收入、耕作面积和单产水平 5 个方面展开具体分析（表 4-4）。总体来看，测土配方施肥技术初次采用和持续采用的两类样本在家庭总人口、家庭收入、耕作面积和单产水平 4 个方面均存在显著差异，即在较大程度上反映出两种技术采用行为的样本农户之间存在差异。

具体而言，在家庭总人口方面，初次采用测土配方施肥技术的样本农户家庭总人口平均为 4.517 人，即家庭规模处于 4～5 人；持续采用测土配方施肥技术的样本农户家庭总人口平均为 5.317 人，即家庭规模处于 5～6 人。单从数值大小来看，技术持续采用的样本家庭规模大于初次采用的样本家庭，换言之，家庭规模越大的农户家庭越可能表现出持续采用行为。进一步地，从均值方差的 t 检验结果来看，t 值为 -3.931，通过了 1% 水平下的显著性检验，表明测土配方施肥技术初次采用的样本和持续采用的样本在家庭总人口变量上存在显著差异。

在农业劳动力方面，初次采用测土配方施肥技术的样本农户家庭农业劳动力平均为 1.923 个，约等于 2 个；持续采用测土配方施肥技术的样本农户家庭农业劳动力平均为 1.877 个，稍小于初次采用行为的样本家庭。均值方差的 t 检验结果也显示，t 值为 0.736，未通过显著性检验，表明初次采用的样本与持续采用的样本在农业劳动力变量上并不存在显著差异。可能的原因是，随着农业机械化进程的加快，以及城镇化的发展，大量农村劳动力逐渐转移到非农产业，无论是初次采用还是持续采用，两类样本家庭的农业劳动力数量均处于一个较低的水平，但由于测土配方施肥技术可以在一定程度上减少劳动投入，从样本均值来看持续采用的样本均值相对较小。

在家庭收入方面，初次采用测土配方施肥技术的样本农户家庭平均收入为 7.020 万元，而持续采用测土配方施肥技术的样本农户家庭平均收入为 13.602 万元。单从数值之差来看，两个样本均值相差 6.582 万元，说明持续采用的样本家庭收入远远高于初次采用行为的样本家庭。进一步地，从均值方差的 t 检验结果来看，t 值为 -4.595，通过了 1% 水平下的显著性检验，表明从数理统计层面上两个样本在家庭收入变量上确实存在显著性差异。由于可能存在内生性问题，即是因为持续采用带来更多收入还是因收入更高从而选择持续采用，在此仅讨论家庭收入方面两个样本是否存在显著差异。

在耕作面积方面，初次采用测土配方施肥技术的样本农户家庭平均种植面积为29.480亩，而持续采用测土配方施肥技术的样本农户家庭平均种植面积为63.661亩，是前者的两倍以上，说明持续采用的样本种植规模远远大于初次采用的样本。结合均值方差的t检验结果来看，t值为−3.481，通过了1%水平下的显著性检验，进一步证实了在数理统计层面初次采用的样本和持续采用的样本在耕作面积变量上存在显著差异，即两个样本具有一定差异性。

在单产水平方面，初次采用测土配方施肥技术的样本农户平均产量为1 092.416斤*/亩，而持续采用测土配方施肥技术的样本农户平均产量为1 137.814斤/亩。以2018年调查时点的水稻单产作为比较对象，可以很好地将初次采用样本和持续采用样本置于同一环境条件下，比较技术采用行为的差异所造成的产出水平上的差异。从结果来看，持续采用样本水稻亩产稍高于初次采用样本，可以初步判断持续采用测土配方施肥技术可以更好地提高水稻产量。进一步地，结合均值方差t检验结果，t值为−2.182，通过了5%水平下的显著性检验，表明在单产水平变量上初次采用样本和持续采用样本存在显著性差异。

表4-4 不同技术采用行为的生产经营特征对比分析

变量	行为分组	样本特征		方差方程的Levene检验		均值方差的t检验	
		均值	标准差	F值	Sig.	t值	Sig.
家庭总人口（人）	初次采用	4.517	2.017	2.613	0.107	−3.931	0.000***
	持续采用	5.317	2.368				
农业劳动力（人）	初次采用	1.923	0.746	5.375	0.021**	0.736	0.462
	持续采用	1.877	0.585				
家庭收入（万元）	初次采用	7.020	11.016	21.405	0.000***	−4.595	0.000***
	持续采用	13.602	20.401				
耕作面积（亩）	初次采用	29.480	66.642	20.325	0.000***	−3.481	0.000***
	持续采用	63.661	145.929				
单产水平（斤/亩）	初次采用	1 092.416	249.874	10.593	0.001***	−2.182	0.030**
	持续采用	1 137.817	193.146				

注：***、**、*分别表示检验值在1%、5%和10%水平下显著；方差方程的Levene检验主要检验是否存在方差齐性，若存在则根据"假设方差相等"的均值方差t检验结果；若不存在则根据"假设方差不相等"的均值方差t检验结果。表中所呈现的是基于方差方程的Levene检验结果所对应假设的均值方差t检验结果。

---

* 斤为非法定计量单位，1斤等于0.5千克。

四、本章小结

本章从整体层面对样本区域农户测土配方施肥技术采用现状进行了描述性统计分析，在对初次采用行为和持续采用行为划分的基础上，对两种行为之间的关系进行了探讨，并从个体特征和生产经营特征两个维度对初次采用样本和持续采用样本进行了差异性检验。得到以下几点结论：

（1）样本区域农户测土配方施肥技术采用情况整体较好，在不同区域、不同种植规模条件下存在一定差异。总体上，有 64.60% 的样本农户在 2018 年实际采用了测土配方施肥技术；从区域来看，江西省样本农户技术采用率最高，为 72.68%，湖北省（66.47%）和浙江省（38.61%）分列二、三位；从种植规模来看，中规模农户技术采纳率最高，为 69.93%，小规模农户（63.22%）和大规模农户（59.22%）则分列二、三位。

（2）通过对技术采用行为的细分，将样本农户分为四类，各样本占比存在差异。具体而言，样本农户技术采用行为分为持续采用行为、初次采用行为、早期采用但现在未用、从未采用四类，各占样本总量的 39.42%、25.18%、9.73% 和 25.67%。此外，初次采用行为和持续采用行为呈现出一种相互联系、但又有所区别的关系。

（3）基于独立样本 t 检验，发现测土配方施肥技术初次采用的样本和持续采用的样本在个体特征、生产经营特征的部分变量上存在显著差异。具体而言，在个体特征方面，测土配方施肥技术初次采用行为和持续采用行为的两类样本在健康水平和受教育程度两个方面存在显著差异。在生产经营特征方面，测土配方施肥技术初次采用和持续采用的两类样本在家庭总人口、家庭收入、耕作面积和单产水平 4 个方面均存在显著差异。上述结果表明，两类样本存在一定差异性，在实证检验时需要针对性分析。

第五章　农户测土配方施肥技术初次采用行为影响因素分析

加快农业绿色生产方式的推广与应用，是实现农业可持续发展和绿色转型的关键。测土配方施肥技术作为一种科学施肥技术，理应成为实现化肥减量替代的重要途径，为农业面源污染的治理发挥出应有的作用。第四章利用微观调查数据对农户测土配方施肥技术的初次采用行为和持续采用行为进行了细分，并对两种行为的样本特征进行了比较分析，进一步明确了两种行为的差异性。本章首先基于理性小农理论、农业技术推广理论等相关理论，构建了农户测土配方施肥技术初次采用行为影响因素的理论分析框架，对服务供给、技术认知的影响机理进行理论探讨。其次，对数据来源、模型构建和变量选取进行基本介绍。最后，在对服务供给、技术认知与农户测土配方施肥技术初次采用行为相关性分析的基础上，进行实证检验，探寻初次采用行为的发生机理。

一、理论分析与研究假说

理性小农学派认为，农户作为一个理性经济人，在竞争的市场机制中所做的任何行为决策均是基于利润最大化目标进行的。在实行农业生产方式绿色化的过程中，一旦绿色生产技术、绿色生产要素投入可以创造更多的农业产出和收益时，农户会毫不犹豫地选择采用绿色生产技术。从传统生产方式向绿色生产方式转变的过程，也是一个生产理念、价值观转变的过程，而在这一过程中农户会综合考虑各方面因素，包括成本收益、风险偏好、农技推广等，进行理性的行为决策。

（一）服务供给对农户技术初次采用行为的影响

在生产方式转变初期，即初次采用绿色生产技术时，农户会面临学习成本、心理成本、信息搜寻成本等障碍因素（蒋琳莉 等，2018），以及农业生产的弱质性特征，均决定了农业发展离不开政府的政策支持（吴春梅，陈文科，

2004；郁建兴，高翔，2009）。公共农技推广服务体系作为政府支持农业的重要政策工具（佟大建 等，2018），通过信息传递、要素供给等方式，降低了农户在初次采用绿色生产技术过程中的不确定性，以及可能产生的额外成本支出，从而有助于促进农户采用先进技术、实现农业增产增收（Cunguara，Darnhofer，2011；Buehren et al.，2019）。测土配方施肥技术作为一项典型的绿色生产技术，相关农技推广工作涉及多个环节，主要包括"测土""配方""配肥""供应"以及"施肥指导"。每个环节在测土配方施肥技术的整体推广工作中不可或缺，相应的服务供给均可以提高农户技术采纳的可能性。具体而言，主要通过三个方面发挥作用：

一是信息传递机制。无论是测土环节的测土结果公布，还是施肥指导环节的技术指导，均实现了向农户传递土壤供肥能力、技术应用要领等多方面信息内容的作用，有助于农户加深对测土配方施肥技术的了解。对于文化程度普遍不高的传统小农户而言，对新事物的理解和接受能力往往有限，且多属于风险规避型，面对新技术应用存在的不确定性，往往表现出保守、谨慎的态度，通过测土配方施肥技术信息的传递可以有效改善这一不利局面（Kassie et al.，2013；黄炎忠 等，2019）。

二是信任传导机制。每一个环节作为测土配方施肥技术推广工作的重要构成，通过每一环节的农技服务供给，例如测土结果的公布、配方配肥服务组织多样化，向农户传递一种信号，即测土配方施肥技术是严格按照技术规范进行的，具有较强的科学性、实效性，促使农户对该技术产生良好的期望目标，即使存在一定的风险，但仍会表现出信任，愿意尝试和采用测土配方施肥技术以获得超额利润。

三是要素供给机制。生产要素是否可以方便获取在很大程度上会影响到农户技术采用行为（Wainaina et al.，2016；余威震 等，2019c），供应环节作为测土配方施肥技术"落地"的关键环节，农户能否从市场上有效获取配方肥，将直接影响到农户对配方肥的购买选择。通过配方肥的供应来满足农户技术需要，有效降低了农户技术应用所面临的成本支出，从而提升了农户初次采用测土配方施肥技术的概率。

基于上述分析，提出假说1。

H_1：服务供给可以有效提高农户测土配方施肥技术初次采用概率。

（二）技术认知对农户技术初次采用行为的影响

前文分析得出，农户对测土配方施肥技术存在一定程度的认知偏差，这会进一步影响到其对技术易用性和有用性的感知水平。而认知行为理论指出，人的感受、思想和行为是互相关联的，认知作为农户技术采纳的最初阶段，也是农业技术采纳行为发生的重要基础（赵肖柯，周波，2012；侯建昀 等，2014；徐涛 等，2018；陈柱康 等，2018）。因此，有必要进一步探讨感知易用性和感知有用性对农户测土配方施肥技术初次采用行为的影响，对认知偏差与农户技术初次采用行为之间的关系进行一个初步检验。

具体而言，当农户认为应用测土配方施肥技术具有提高粮食单产、节省劳动力等经济效益，以及改善土壤质量、缓解水体污染等环境效益时，即测土配方施肥技术的应用可以实现农业增产增收和生态环境保护的双赢目标，农户自然会表现出较高的采用积极性。同时，农户在实际技术决策时，必然会考虑技术的适用性和易用性，即使一项绿色生产技术具有非常好的经济效益和环境效益，但对于个体农户而言，若技术应用困难或难以实际操作，农户自然不会选择采用，对于具有风险规避属性的小农户尤为如此。基于上述分析，提出假说2和假说3。

H_2：感知易用性越强烈，农户测土配方施肥技术采用概率越高。

H_3：感知有用性越强烈，农户测土配方施肥技术采用概率越高。

进一步地，在进行测土配方施肥技术推广、提高农户技术认知的过程中，农户对技术推广的环节和内容同样会形成相应的认识和评价，即技术推广认知。当农户对测土、配方、配肥等环节的农技推广工作形成准确认知时，不仅表现出农户对测土配方施肥技术原理已形成一定了解，同时基于农户视角对各推广环节工作的开展情况表现出一种认可的态度。更为重要的是，当农户认为各推广环节的活动、内容均按照严格标准进行时，对测土配方施肥技术的应用效果会形成一个接近客观、准确的判断和预期，从而增强农户对测土配方施肥技术的信任程度，进而会表现出较高的测土配方施肥技术采用概率。基于上述分析，提出假说4。

H_4：准确的技术推广认知可以显著提高农户测土配方施肥技术初次采用概率。

二、数据说明、模型构建与变量选取

(一) 数据说明

由于本章重点关注农户测土配方施肥技术初次采用行为，对样本农户进行筛选，主要依据题目"您家在 2018 年之前是否采用过测土配方施肥技术？"进行初步筛选，确定 2018 年之前未曾采用过该技术的农户，即选择 2018 年初次采用和从未采用的样本农户，共获得样本数据 417 份。进一步，剔除关键变量缺失、前后矛盾以及极端值等无效问卷，最终获得适用于本章研究的 371 份农户调查问卷。

（二）模型构建

农户测土配方施肥技术初次采用行为属于典型的二分离散选择变量，对于此类问题，学术界常常采用的模型包括 Logit 模型、Probit 模型，其中 Logit 模型以其概率表达式的显性化、应用操作简单的优点，在管理学、社会学等领域得到了广泛应用（蔡颖萍，杜志雄，2015；何可 等，2015；颜廷武 等，2017；Daxinia et al.，2018）。因此，本书选择 Logit 模型对农户测土配方施肥技术初次采用行为的影响因素进行实证检验，并定义 $adoption=1$，表示农户 2018 年初次采用测土配方施肥技术，$adoption=0$，表示农户 2018 年未采用测土配方施肥技术。具体基准回归模型如下，以实证检验服务供给、技术认知对农户测土配方施肥技术采纳行为的影响：

$$prob(adoption = 1 \mid sup, cog, X) = \theta(\alpha_0 + \alpha_i sup + \alpha_j cog + \alpha_k X + \varepsilon)$$

$$(5-1)$$

式中，sup 表示测土、配方、配肥、供应以及施肥指导 5 个环节的服务供给变量，cog 表示农户对测土配方施肥技术认知变量，包括感知易用性、感知有用性以及对各推广环节的认知情况。X 表示包括户主年龄、受教育年限、种植面积等在内的个体特征和家庭经营特征，α_i、α_j、α_k 分别表示相应变量的待估参数，ε 表示模型随机扰动项。

（三）变量选取

1. 因变量

农户从未采用测土配方施肥技术和之前采用过、但调查时点未采用，这两种行为是存在本质区别的。简单以调查时点是否采用测土配方施肥技术作为因变量，容易造成研究结论有偏、解释能力不强。本章节重点关注农户测土配方施肥技术初次采用行为的发生机理，强调的是调查时点农户第一次采用测土配方施肥技术，为此将因变量定义为农户测土配方施肥技术初次采用行为。

2. 核心变量

正如前文分析所述，技术推广过程中的服务供给，以及农户对服务供给过程中形成的技术认知，对农户初次采用测土配方施肥技术具有重要影响。因此，核心变量主要包括两个方面：

一是服务供给维度，考虑到测土配方施肥技术推广主要分为 5 个环节，即测土、配方、配肥、供应和施肥指导，每一环节在技术推广过程中扮演角色不同，所起到的作用也存在差异，为全面衡量测土配方施肥技术推广中的服务供给情况，以及对不同环节的作用进行对比分析，借鉴褚彩虹 等（2012）、李莎莎，朱一鸣（2016）、王思琪 等（2018）等相关研究中对部分推广环节的衡量，本研究主要选择了测土结果公布、是否存在配方服务组织、是否存在配肥服务组织、配方肥获取以及施肥建议卡共 5 个变量作为各环节服务供给的具体表征。

二是技术认知维度，主要包括感知有用性、感知易用性以及技术推广认知。一方面，由于感知有用性、感知易用性无法直接测量，相关测量问题主要参考 David（1986）、吴丽丽，李谷成（2016）、朱月季 等（2015）等研究，并进一步考虑到测土配方施肥技术应用具有经济维度和环境维度的双重效益（张福锁，2006），从提高粮食单产、节省劳动力、节约生产要素投入、改善土壤质量、缓解水体污染、保护生物多样性共 6 个方面对感知有用性进行了综合测量。感知易用性则主要通过设置"学习掌握测土配方施肥技术对我很容易""通过技术的讲解，我很容易理解测土配方施肥技术的技术要领""通过简单的培训我能掌握并熟练采用测土配方施肥技术"共 3 个问题进行反映。在此基础上，利用 SPSS 19.0 进行探索性因子分析，结果显示，感知易用性和感知有用性的 *KMO* 统计量分别为 0.719 和 0.804，Bartlett 球形检验的 *P* 值均为 0.000，表明适合因子分析；*Cronbach's α* 系数值分别为 0.942 和 0.856，表明感知易用性和感知有用性的相应指标具有内在一致性，以此提取出的公因子具有较强代表性。另一方面，技术推广认知以农户对相关环节服务供给条件下形成的技术认知进行具体表征，主要包括测土重要性认知、配方设计认知、企业标准生产认知和肥料区分认知共 4 个变量。

3. 控制变量

作为理性经济人，农户在技术采用决策时，会综合考虑其资源禀赋、生活方式、生命阶段等内源性因素，以及采用过程中可能面临的风险和额外成本支出，最终作出一个最优选择（Soule，2001）。因此，借鉴以往相关研究（褚彩虹 等，2012；李莎莎 等，2015；张复宏 等，2017；王思琪 等，2018），从户主个体特征和家庭经营特征选取相关控制变量。具体而言，户主个体特征包括年龄、受教育年限、健康状况、是否兼业、风险规避共 5 个变量，家庭经营特征包括水稻种植面积、土壤肥力、农业收入重要性、肥料施用成本共 4 个变量。

具体变量定义及描述性分析见表5-1。

表5-1 变量选取及统计分析

变量名称	定义及赋值	均值	标准差
初次采用行为	2018年初次采用测土配方施肥技术赋值为1；否则为0	0.523	0.500
测土结果公布	测土结果是否进行公布？是=1；否=0	0.156	0.364
配方服务组织	当地是否有配方服务组织？是=1；否=0	0.119	0.324
配肥服务组织	当地是否有配肥服务组织？是=1；否=0	0.164	0.371
配方肥获取	是否能从市场上获取配方肥？是=1；否=0	0.598	0.491
施肥建议卡	是否收到过测土配方施肥建议卡？是=1；否=0	0.070	0.256
感知有用性	根据因子分析计算而得	0.000	1.000
感知易用性	根据因子分析计算而得	0.000	1.000
测土重要性认知	土壤取样检测对配方肥的精准配制重要性如何？1~5，非常不重要=1，非常重要=5	3.394	1.140
配方设计认知	您是否知道以测土结果进行配方设计？是=1；否=0	0.226	0.419
企业标准生产认知	您认为化肥生产企业是否会按配方设计进行严格生产？是=1；否=0	0.391	0.489
肥料区分认知	您认为配方肥和普通复合肥是否有区别？不清楚=0；有区别=1；没区别=2	0.644	0.656
户主年龄	以实际年龄为准（周岁）	57.590	10.199
受教育年限	以实际受教育年限为准（年）	7.003	3.295
健康状况	非常差=1；较差=2；一般=3；较好=4；非常好=5	3.795	0.979
是否兼业	2018年是否有外出兼业？是=1；否=0	0.337	0.473
风险规避	风险规避程度如何？1~5，非常低=1，非常高=5	4.394	1.175
水稻种植面积	以实际水稻种植面积为准（亩）	30.062	52.855
土壤肥力	非常差=1；较差=2；一般=3；较好=4；非常好=5	3.394	0.898
农业收入重要性	农业收入占比大于50%时为1，否则为0	0.423	0.495
肥料施用成本	农户肥料施用单位面积成本（元/亩）	150.56	63.564

三、实证分析与讨论

（一）服务供给、技术认知与农户技术采用的相关性分析

为了验证服务供给、技术认知与农户测土配方施肥技术采用行为之间是否

存在相关性，同时详细了解农户测土配方施肥技术初次采用行为的样本分布情况。本书运用 SPSS19.0 软件对不同服务供给、技术认知条件下农户是否采用测土配方施肥技术做了交叉项 Pearson 检验，计算结果见表 5-2 和表 5-3。

1. 服务供给与农户技术采用的相关性分析

总体来看，服务供给维度的 5 个变量与农户测土配方施肥技术采纳行为的 Pearson 检验 χ^2 值至少都通过了 10% 水平下的显著性检验（表 5-2），表明两两之间均存在一定的相关性。

测土结果公布与农户测土配方施肥技术采用行为的 Pearson 检验 χ^2 值为 13.152，通过了 1% 水平下的显著性检验。在样本分布上，同样表现出显著差异：当测土结果未公布时，农户测土配方施肥技术的采纳率仅为 48.22%，而当测土结果公布时这一数值增长至 74.14%，两者相差 25.92%。由此可以推断出，测土结果公布有较大的概率可以促进农户采用测土配方施肥技术。

配方服务组织与农户测土配方施肥技术采用行为的 Pearson 检验 χ^2 值为 3.110，仅通过了 10% 水平下的显著性检验。进一步结合样本分布情况来看，当不存在配方服务组织时，农户测土配方施肥技术的采纳率为 50.16%，而当存在配方服务组织时这一数值为 61.12%，仅仅增加了 10.96%，这说明是否存在配方服务组织对农户技术采用行为的影响相对较小。

配肥服务组织与农户测土配方施肥技术采用行为的 Pearson 检验 χ^2 值为 8.026，通过了 1% 水平下的显著性检验。在具体的样本分布上，表现出一定差异：配肥服务组织从无到有时，农户测土配方施肥技术的采纳率从 49.03% 上升至 68.85%，两者相差 19.82%。由此可见，配肥服务组织同样有很大的概率可以促进农户采用测土配方施肥技术。

配方肥获取与农户测土配方施肥技术采用行为的 Pearson 检验 χ^2 值为 19.664，通过了 1% 水平下的显著性检验。相较无法获取配方肥的农户而言，可以获取配方肥的农户测土配方施肥技术平均采纳率为 61.71%，远高于前者的平均采纳率。配方肥作为测土配方施肥技术采纳应用过程中必需的生产要素，当农户可以有效获取时，自然会更倾向于采纳该技术。

施肥建议卡与农户测土配方施肥技术采用行为的 Pearson 检验 χ^2 值为 14.663，通过了 1% 水平下的显著性检验，表明有施肥建议卡和没有施肥建议卡时，农户测土配方施肥技术采纳行为存在显著差异。从样本分布情况来看，当没有施肥建议卡时，农户测土配方施肥技术采纳率仅为 49.57%，而当有施肥建议卡时，这一数值跃升至 88.46%，两者相差 38.89%，进一步可以推断出施肥建议卡可能对农户测土配方施肥技术的采纳具有正向促进作用。

表5-2 不同服务供给下农户测土配方施肥技术采用行为

单位：%

测土配方施肥技术采用行为	测土结果公布		配方服务组织		配肥服务组织	
	是	否	是	否	是	否
采用	74.14	48.22	61.12	50.16	68.85	49.03
未采用	25.86	51.78	38.88	49.84	31.15	50.97
Pearson 检验 χ^2	13.152***		3.110*		8.026***	

测土配方施肥技术采用行为	配方肥获取		施肥建议卡	
	是	否	是	否
采用	61.71	38.26	88.46	49.57
未采用	38.29	61.74	11.54	50.43
Pearson 检验 χ^2	19.664***		14.663***	

注：***、**、*分别表示相关检验值通过1%、5%和10%水平下的显著性检验。

2. 技术认知与农户技术采用行为的相关性分析

总体来看，技术认知维度的5个变量，具体包括感知有用性、感知易用性、测土重要性认知、配方设计认知和企业标准生产认知，与农户测土配方施肥技术初次采用行为的Pearson检验 χ^2 值通过了显著性检验（表5-3），表明相关变量之间存在一定的相关性。

感知有用性与农户测土配方施肥技术采用行为的Pearson检验 χ^2 值为8.390，通过了1%水平下的显著性检验，表明在不同的有用性感知水平下，农户技术采用行为存在显著差异。进一步结合样本分布来看，当农户对测土配方施肥技术的有用性感知较为强烈时，农户技术采纳率为60.11%，相较在有用性感知较弱时，技术采纳率提升了20.22%。由此可以推测，感知有用性与农户测土配方施肥技术采用行为同样可能存在正相关关系。

感知易用性与农户测土配方施肥技术采用行为的Pearson检验 χ^2 值为10.429，通过了1%水平下的显著性检验，表明在不同的易用性感知水平下，农户技术采用行为存在显著差异。从样本分布的情况来看，当农户对测土配方施肥技术的易用性感知由弱转强时，技术采纳率从43.43%上升至60.20%，两者相差16.87%，说明感知易用性与农户技术采用行为之间可能存在正相关关系。

测土重要性认知与农户测土配方施肥技术采用行为的Pearson检验 χ^2 值为25.461，通过了1%水平下的显著性检验，表明在对测土环节重要性的不同认知水平下，农户测土配方施肥技术采用行为存在显著差异。从样本分布中也可以看出，在选择"非常不同意"的样本中，仅有39.47%的农户实际采用了测土配方施肥技术；而在选择"非常同意"的样本中，则有66.04%的农户采用了测土配方施肥技术。由此可以推测，测土重要性认知与农户技术采用行为可能存在正相关关系。

配方设计认知与农户测土配方施肥技术采用行为的 Pearson 检验 χ^2 值为17.986，通过了1%水平下的显著性检验，表明在知道配方设计和不知道配方设计时，农户测土配方施肥技术采用行为存在显著差异。在样本分布上，不知道配方设计的样本中，仍有46.34%农户采用了测土配方施肥技术，但在知道配方设计的样本中，这一数值上升为72.62%，整整高出了26.28%。由此可以推测，配方设计认知与农户测土配方施肥技术采用行为同样可能存在正相关关系。

肥料区分认知与农户测土配方施肥技术采用行为的 Pearson 检验 χ^2 值为3.278，未能通过显著性检验，表明在配方肥与传统复合肥的区分上，选择"不清楚""有区别"以及"无区别"的农户在测土配方施肥技术采用行为分布上无显著差异。事实上，从样本分布情况上也可大致看出持不同观点的农户技术采用行为无明显的区别，其中选择"不清楚"和"有区别"的样本中，技术平均采纳率分别为50.89%和56.36%，较为接近。相对而言，选择"无区别"的样本分布情况与前两者的分布情况存在一定差异，且表现出一种负相关的关系，即认为"无区别"的农户采用测土配方施肥技术的发生率相对较低，仅为40.54%。

企业标准生产认知与农户测土配方施肥技术采用行为的 Pearson 检验 χ^2 值为20.353，通过了1%水平下的显著性检验，表明在"化肥生产企业是否会完全按照配方设计进行配方肥生产"这一问题上持赞同和反对意见的两类样本中，农户测土配方施肥技术采用行为存在显著差异。样本分布上同样表现一定差异，其中持赞同意见的样本中有66.90%的农户实际采用了测土配方施肥技术，而持反对意见的样本中仅有42.92%的农户实际采用了该技术，两者相差23.98%。由此可以推测，企业标准生产认知与农户技术采用行为同样可能存在正相关关系。

表 5-3 不同技术认知下农户测土配方施肥技术采用行为

单位：%

测土配方施肥技术采用行为	测土重要性认知					配方设计认知		感知有用性	
	非常不同意	较不同意	一般	比较同意	非常同意	是	否	是	否
采用	39.47	24.14	43.40	62.76	66.04	72.62	46.34	60.11	45.08

（续）

测土配方施肥技术采用行为	测土重要性认知					配方设计认知		感知有用性	
	非常不同意	较不同意	一般	比较同意	非常同意	是	否	是	否
未采用	60.53	75.86	56.60	37.24	33.96	27.38	53.66	39.89	54.92
Pearson 检验 χ^2	25.461***					17.986***		8.390***	

测土配方施肥技术采用行为	肥料区分认知			企业标准生产认知		感知易用性	
	不清楚	有区别	无区别	是	否	是	否
采用	50.89	56.36	40.54	66.90	42.92	60.20	39.80
未采用	49.11	43.64	59.46	33.10	57.08	43.43	56.57
Pearson 检验 χ^2	3.278			20.353***		10.429***	

注：***表示检验值在1%置信水平下显著；由于感知有用性、感知易用性是基于因子分析后的综合得分进行赋值，为连续型变量，为直观考察不同技术认知情况下农户技术采用行为现状，将感知有用性和感知易用性进行简化处理，即大于0的定义为1，表明有较强的有用性（易用性）感知，反之亦然。

（二）多重共线性检验

多重共线性是指估计模型中多个解释变量之间存在相关性，或者存在近似的线性关系。在实际经济分析中，所选取的解释变量往往存在或多或少的相关性，即存在不完全的多重共线性问题。而多元线性回归分析中的一个经典假设：各解释变量不存在完全的多重共线性。若存在多重共线性，会导致系数估计不准确，不易于区分各解释变量对被解释变量的单独影响力（陈强，2014）。因此，为确保模型估计的准确性，需要对各解释变量进行多重共线性检验。一般来说，常用于多重共线性检验的统计量为容忍度（Tolerance）和方差膨胀因子（VIF），当容忍度小于0.1或VIF大于10时，表示存在严重的多重共线性问题。本书利用Stata 15.0进行计算得到各变量的多重共线性检验结果，如表5-4所示。从中可以得知，各变量的容忍度介于0.649~0.913之间，VIF介于1.095~1.540之间，表示各变量之间均不存在严重的多重共线性问题，符合基本运算要求。

表5-4 多重共线性检验结果

变量名称	共线性统计量		是否存在共线性
	VIF	容忍度	
测土结果公布	1.404	0.712	否
配方服务组织	1.540	0.649	否

（续）

变量名称	共线性统计量		是否存在共线性
	VIF	容忍度	
配肥服务组织	1.496	0.668	否
配方肥获取	1.227	0.815	否
施肥建议卡	1.308	0.764	否
感知易用性	1.499	0.667	否
感知有用性	1.274	0.785	否
测土重要性认知	1.301	0.769	否
配方设计认知	1.527	0.655	否
企业标准生产认知	1.390	0.719	否
肥料区分认知	1.151	0.869	否
户主年龄	1.466	0.682	否
受教育年限	1.253	0.798	否
健康状况	1.347	0.742	否
是否兼业	1.263	0.792	否
风险规避	1.101	0.908	否
水稻种植面积	1.172	0.853	否
土壤肥力	1.119	0.894	否
农业收入重要性	1.183	0.845	否
肥料施用成本	1.095	0.913	否

（三）基本回归分析

基于极大似然估计法对农户测土配方施肥技术初次采用行为的影响因素进行了估计和检验，表 5-5 汇报了基本回归结果。其中，模型一只放入服务供给的 5 个变量，模型二中则加入了技术认知的 6 个变量，模型三进一步对个体特征和家庭经营特征进行了控制。从回归结果来看，随着变量的逐渐加入，模型的拟合程度逐步加强，从模型一卡方值为 39.24、伪 R^2 为 0.076，到模型三卡方值为 98.12、伪 R^2 为 0.191，这也反映出模型具有较强的解释能力。从核心变量的显著性情况来看，在三个模型中基本都通过了 10% 水平下的显著性检验，从一个侧面验证了回归结果的稳健性，即基于农技推广环节的服务供给，以及技术认知均会对农户测土配方施肥技术初次采用行为产生显著影响。

表 5 - 5　农户技术初次采用行为回归结果

变量名称	模型一		模型二		模型三	
	系数	标准误	系数	标准误	系数	标准误
测土结果公布	0.614*	0.360	0.800**	0.382	0.819**	0.398
配方服务组织	−0.213	0.401	−0.704	0.452	−0.579	0.476
配肥服务组织	0.233	0.345	−0.055	0.382	−0.095	0.407
配方肥获取	0.880***	0.232	0.852***	0.256	0.990***	0.275
施肥建议卡	1.718***	0.663	1.747**	0.683	1.975***	0.748
感知有用性	—	—	0.159	0.130	0.160	0.134
感知易用性	—	—	0.251*	0.135	0.230	0.147
测土重要性认知	—	—	0.258**	0.116	0.274**	0.124
配方设计认知	—	—	0.436	0.348	0.647*	0.367
企业标准生产认知	—	—	0.497*	0.269	0.418	0.287
肥料区分认知（以"不清楚"为参照）						
有区别	—	—	−0.462*	0.267	−0.435	0.284
没有区别	—	—	−0.819*	0.420	−0.725	0.452
户主年龄	—	—	—	—	−0.015	0.014
受教育年限	—	—	—	—	−0.019	0.041
健康状况	—	—	—	—	−0.334**	0.144
是否兼业	—	—	—	—	0.522*	0.289
风险规避	—	—	—	—	−0.019	0.107
水稻种植面积	—	—	—	—	−0.008***	0.003
土壤肥力	—	—	—	—	0.056	0.142
农业收入重要性	—	—	—	—	0.773***	0.269
肥料施用成本	—	—	—	—	0.002	0.002
常数项	−0.622***	0.176	−1.406***	0.414	−0.066	1.345
观测值	371		371		371	
卡方值	39.24***		74.03***		98.12***	
Pseudo R^2	0.076		0.144		0.191	

注：***、**、* 分别表示相关变量系数通过 1%、5% 和 10% 水平下的显著性检验。

1. 服务供给的影响

实证结果显示，服务供给维度中共有 3 个变量通过显著性检验，分别为测土结果公布、配方肥获取和施肥建议卡，表明在测土、供应和施肥指导 3 个环节对应的服务供给对农户测土配方施肥技术采用具有显著的促进作用，假说 1

得到部分验证。

首先，测土结果公布变量的系数为正，通过了 5％水平下的显著性检验，表明测土结果公布对农户测土配方施肥技术初次采用行为具有显著正向影响。这与王思琪 等（2018）的研究结论基本一致，对土壤进行取样检测的作用主要是了解和掌握土壤中氮磷钾以及中微量元素的含量情况，土肥站、农技推广中心等将测土结果进行及时公布，不仅有助于农户增强对土壤供肥能力的了解，而且通过这种方式增强了农户对测土配方施肥技术的信任程度，进而最终促进农户积极采用该技术。

其次，配方肥获取变量的系数为正，通过了 1％水平下的显著性检验，表明配方肥获取对农户测土配方施肥技术初次采用行为会产生显著的促进作用。作为农业经济市场化的重要构成，生产要素市场越完善，对农户采用绿色生产技术提供的帮助也越大（余威震 等，2019c）。配方肥是测土配方施肥技术最主要的物化形式，若无法有效获得配方肥自然无法采纳与应用。事实上，市场化发展一直是测土配方施肥技术推广服务发展的努力方向，只有通过政府和市场共同参与，以政府负责服务、市场负责推广，才能发挥出农技推广服务的效果（李莎莎，朱一鸣，2017），本研究的结论很好地证实了这一点。

最后，施肥建议卡变量的系数为正，通过了 1％水平下的显著性检验，表明相较未获得施肥建议卡的农户，获得了施肥建议卡的农户采用测土配方施肥技术的可能性更高。施肥建议卡以详细的施肥方案，包括配方肥的配比、各施肥时期的肥料选择、用量、方式等方面，对水稻种植过程中测土配方施肥技术应用进行了全面系统的说明，对农户而言无疑是提供了一份施肥管理方面的说明书，具有极强的吸引力，促使农户按照相应说明进行实际生产，即有效提高了农户测土配方施肥技术采用的可能性。

此外，需要说明的是，配方服务组织、配肥服务组织两个变量均未通过显著性检验，对农户测土配方施肥技术采用行为未能产生显著影响。可能的原因是，配方环节的相关工作主要由土肥站、科研院所等单位完成，配肥环节的相关工作则主要由化肥生产企业进行。对于农户而言，较少接触到相关主体，进而对相关主体开展的农技推广工作了解甚少。当然，随着市场化进程的加快，越来越多的主体，包括农资经销商、专业合作社等，开始承担起配方、配肥环节的相关推广服务，但毕竟属于少数、且受益群体相对较小。最终，因农户对配方和配肥环节的服务供给缺乏了解，可能导致了相关变量未能通过显著性检验，即未表现出显著影响。

2. 技术认知的影响

总体而言，根据表 5-5 可知，技术认知维度中仅有 2 个变量通过了显著性检验，分别为测土重要性认知和配方设计认知，表明形成相关维度的技术认知可以有效提升农户测土配方施肥技术采纳概率，即假说 4 得到部分验证。

第一，测土重要性认知变量的系数为正，通过了 5% 水平下的显著性检验，表明测土重要性认知对农户测土配方施肥技术初次采用行为产生显著正向影响。可能的解释是，测土环节本身作为测土配方施肥技术推广的首要环节，其结果直接关系到后续配方、配肥环节的科学性和准确性问题（串丽敏 等，2016）。当农户可以认识到测土环节在整个技术推广过程中的重要性时，会对测土配方施肥技术产生一种信任，即认为该技术是基于现实数据而开展的，具有科学性，以科学的施肥管理方式将有助于促进农业的增产和增收，因此便会表现出更高的技术采纳积极性。

第二，配方设计认知变量的系数为正，通过了 10% 水平下的显著性检验，表明配方设计认知对农户测土配方施肥技术初次采用行为产生显著正向影响。配方设计，依据的是测土结果，同时结合作物目标产量、田间试验结果，进而提出的一套科学施肥方案。若农户对施肥配方设计有所了解，会进一步增强其对该技术的信任程度。实际调研中也发现，不少农户表示看到过或听说过农技人员进行下田取土，但却并不知道取土的目的是什么，以及后续工作是如何开展的。因此，当农户知道以测土结果进行施肥配方设计时，表明农户对测土配方施肥技术及其原理形成了基本的认知，作为一种科学施肥技术，农户自然会表现出更高的采纳积极性。

3. 控制变量的影响

控制变量中，主要有 4 个变量通过了显著性检验，分别为个体特征中的健康状况和是否兼业以及家庭经营特征中的水稻种植面积和农业收入重要性，系数符号之间存在差异性，表明部分变量对农户测土配方施肥技术初次采用行为产生正向影响，而部分则表现出负向影响。

首先，健康状况变量的系数为负，通过了 5% 水平下的显著性检验，表明农户健康自评情况越好，其采用测土配方施肥技术的可能性越低。可能的原因是，测土配方施肥技术以科学的施肥理念、合理的肥料配比，实现精准施肥，相较传统大量施用氮肥、磷肥等方式，测土配方施肥技术在节省劳动力方面具有明显优势，因此对于身体状况较差的农户而言，有更大的动机和需求，采用节省劳动力的农业技术，即更愿意采用测土配方施肥技术。

其次，是否兼业变量的系数为正，通过了 10% 水平下的显著性检验，表明相较无兼业农户，有兼业的农户采纳该技术的可能性更高。一般来说，农户兼业，一方面反映农户家庭劳动力外流，造成对劳动节约型技术的需求增大，另一方面有更多机会接触新鲜事物，对当前社会关注问题，即农业生态资源环境问题，有更多的了解，易于表现出符合社会预期的行为作为一种响应，即积极采纳测土配方施肥技术等绿色生产技术。因此，外出兼业的农户家庭更愿意采用测土配方施肥技术。

再次，水稻种植面积变量的系数为负，通过了 1% 水平下的显著性检验，即水稻种植面积对农户测土配方施肥技术初次采用行为产生显著负向影响。一般来说，水稻种植面积越大，农户对新技术的采纳积极性也应越高（朱月季等，2015；吴雪莲 等，2016）。而出现负向影响的可能原因是，测土配方施肥技术强调"大配方、小调整"的技术模式，尽管土地流转发展迅速，但仍未打破地块分散的不利局面，因此对于大规模农户而言，调整过程较为麻烦、工作量较大，从而可能会导致农户采纳积极性下降。

最后，农业收入重要性变量的系数为正，通过了 1% 水平下的显著性检验，即农业收入重要性对农户测土配方施肥技术初次采用行为产生显著正向影响。这不难理解，相较以非农收入为主的农户家庭，以农业收入为主的农户家庭会更重视农业生产效益。测土配方施肥技术的主要优势在于，科学、精准的施肥方式可以在很大程度上实现化肥减量，对于微观主体而言便是减少水稻种植过程中的化肥投入，实现生产成本的节约。因此，农业收入重要性越高，农户采纳测土配方施肥技术的可能性也就越高。

（四）各变量影响效应的比较分析

为进一步直观了解和比较各解释变量对农户测土配方施肥技术初次采用行为解释能力的大小，本书基于表 5-5 中的模型三计算出各变量的平均边际效应，计算结果如表 5-6 所示。

服务供给维度。测土结果公布、配方肥获取和施肥建议卡 3 个变量的平均边际效应通过显著性检验，且效应值分别为 0.156、0.188 和 0.376，对农户测土配方施肥技术初次采用行为的影响程度从大到小依次为：施肥建议卡＞配方肥获取＞测土结果公布，可见技术推广环节越靠后、对农户技术初次采用行为的影响越大。可能的原因是，越接近测土配方施肥技术推广服务的末端环节，呈现在农户面前的技术完整性越高，越有益于农户对测土配方施肥技术进行整体认知和评价，并且配方肥的供应、测土配方施肥建议卡的发放，可以直接为农户提供技术服务支持，因此对农户测土配方施肥技术初次采用行为的影响更为显著。由此可以得出一个启示，在实际推广测土配方施肥技术过程中，在做好相应环节的基础推广工作的同时，尤应重视供应环节、施肥指导环节中相应服务的有效供给，确保农户可以有效获取配方肥、施肥建议卡等要素和技术的支持。

技术认知维度。测土重要性认知、配方设计认知两个变量的平均边际效应通过显著性检验，且效应值分别为 0.052 和 0.123，可见配方设计认知对农户测土配方施肥技术初次采用行为的影响程度更大。与服务供给维度不同，技术认知维度中以测土、配方环节的相关认知对农户技术采用的影响更为显著。从技术推广各环节的内容和定位来看，测土环节和配方环节是测土配方施肥技术的核心环节，尤其是配方环节中对施肥方案的科学制定，是体现测土配方施肥技术科学性、有效性的关键所在。因此，从农户视角来看，对配方、测土两个环节中相关技术推广服务形成准确认知时，自然会表现出更高的采纳积极性，即对农户采用测土配方施肥技术产生更显著的影响。

表 5-6 农户测土配方施肥技术初次采用行为回归结果的边际效应

变量名称	边际效应	标准误	Z 检验值	P 值
测土结果公布	0.156**	0.074	2.10	0.036
配方服务组织	−0.110	0.090	−1.23	0.220
配肥服务组织	−0.018	0.078	−0.23	0.815
配方肥获取	0.188***	0.049	3.85	0.000
施肥建议卡	0.376***	0.138	2.71	0.007
感知有用性	0.030	0.028	1.58	0.114
感知易用性	0.044	0.025	1.19	0.232
测土重要性认知	0.052**	0.023	2.26	0.024
配方设计认知	0.123*	0.069	1.79	0.074
企业标准生产认知	0.079	0.054	1.47	0.142
肥料区分认知（以"不清楚"为参照）				
有区别	−0.082	0.052	−1.57	0.117
没有区别	−0.136	0.083	−1.63	0.103
户主年龄	−0.003	0.003	−1.06	0.289
受教育年限	−0.004	0.008	−0.46	0.645
健康状况	−0.064**	0.027	−2.39	0.017
是否兼业	0.099*	0.054	1.84	0.066
风险规避	−0.004	0.020	−0.18	0.857

（续）

变量名称	边际效应	标准误	Z 检验值	P 值
水稻种植面积	-0.001***	0.001	-2.86	0.004
土壤肥力	0.011	0.027	0.39	0.694
农业收入重要性	0.147***	0.049	2.99	0.003
肥料施用成本	0.000	0.000	1.09	0.278

注：***、**、* 分别表示相关变量系数通过 1%、5% 和 10% 水平下的显著性检验。

（五）异质性分析

前文已经证实，服务供给、技术认知对农户测土配方施肥技术初次采用行为产生了显著影响。但以往不少研究指出，因样本所属群体的不同，资源禀赋条件的差异可能会造成结论的不一致（孔祥智 等，2004；杨继东，章逸然，2014）。因此，为进一步探讨不同群体中服务供给、技术认知对农户测土配方施肥技术初次采用行为的异质性影响，借鉴相关研究（王欢 等，2019；余威震 等，2019a），将样本按照年龄、受教育年限和家庭主要收入来源进行相关划分，其中按年龄是否大于 60 岁划分为老龄组和非老龄组、按受教育年限是否大于 7 年划分为低水平组和高水平组、按农业收入是否占家庭总收入一半以上划分为农业收入组和非农收入组。基于以上分组，利用 Logit 模型进行了各群组的回归检验，具体分析如下。

1. 异质性分析：以户主年龄划分

表 5-7 为以户主年龄划分的不同群组农户测土配方施肥技术初次采用行为的回归结果。整体来看，以户主年龄进行划分后，老龄组样本农户 151 个，非老龄组样本农户 220 个，模型卡方值分别为 77.48、45.88，均通过了 1% 水平下的显著性检验，且模型伪 R^2 分别为 0.370、0.151，表明两个模型的整体拟合效果较好，具有较强的解释能力。整体来看，尽管在老龄组农户技术初次采用行为模型和非老龄组农户技术初次采用行为模型中，均有 3 个变量通过了显著性检验，但显著变量各不相同，即服务供给、技术认知对不同年龄组农户技术初次采用行为产生的影响存在差异。

表 5-7　不同群组农户技术采用行为回归结果：以年龄划分

变量名称	老龄组		非老龄组	
	系数	标准误	系数	标准误
测土结果公布	0.524	0.723	1.184**	0.564

（续）

变量名称	老龄组		非老龄组	
	系数	标准误	系数	标准误
配方服务组织	−0.758	0.898	−0.850	0.616
配肥服务组织	0.165	0.815	−0.191	0.511
配方肥获取	0.774	0.503	1.201***	0.359
施肥建议卡	5.023**	2.011	1.365	0.886
感知有用性	0.391	0.274	0.115	0.162
感知易用性	−0.040	0.288	0.349*	0.189
测土重要性认知	0.391	0.274	0.235	0.147
配方设计认知	1.501*	0.853	0.274	0.437
企业标准生产认知	0.933	0.574	0.128	0.366
肥料区分认知（以"不清楚"为参照）				
有区别	−1.019*	0.570	−0.277	0.357
没有区别	−0.513	0.749	−0.960	0.639
控制变量	是		是	
观测值	151		220	
卡方值	77.48***		45.88***	
Pseudo R^2	0.370		0.151	

注：***、**、*分别表示相关变量系数通过1%、5%和10%水平下的显著性检验。

具体到各变量来看，第一，测土结果公布在非老龄组样本模型中系数为正，通过5%水平下的显著性检验，但在老龄组样本中未通过显著性检验。可能的原因是，相较老龄组农户，非老龄组农户对新事物的接受和理解能力相对较强，对土壤取样检测这一现代农业技术手段有更好的认知和了解，进而在非老龄组农户测土配方施肥技术采用行为决策时对测土结果公布与否更为敏感。同时，结合考虑测土结果公布有助于增强农户对测土配方施肥技术的信任程度，最终在非老龄组农户样本中测土结果公布表现出显著正向影响。

第二，配方肥获取非老龄组样本模型中系数为1.201，通过1%水平下的显著性检验，但在老龄组样本模型中未通过显著性检验。可能的原因是，尽管配方肥在推广过程中存在同质性，但由于老龄组和非老龄组农户在信息获取能力、获取渠道等方面的差异，导致相较老龄组，非老龄组农户更易于获取配方肥供应的相关信息，从而有助于其配方肥的有效获取以及产生技术初次采用行为。

第三，施肥建议卡在老龄组样本模型中系数为正，通过5％水平下的显著性检验，但在非老龄组样本中未通过显著性检验。可能的原因为，相较非老龄组，老龄组农户在绿色生产技术的采纳决策上更趋向于保守、谨慎（郭晓鸣、左喆瑜，2015），但长久以来形成的施肥管理经验，越易于认同施肥建议卡所呈现的施肥方案的科学性和有效性，进而老龄组样本获取施肥建议卡可以显著提升其技术采用积极性。

第四，感知易用性在非老龄组样本模型中系数为正，通过10％水平下的显著性检验，但在老龄组样本中未通过显著性检验。可能的原因是，作为相对年轻的一代，非老龄组农户在新技术采纳决策时更注重技术的使用效率，而其中易用程度是使用效率的重要构成，当其认为测土配方施肥技术简单易用时，更可能会表现出实际采用行为。相反，对于老龄组农户而言，丰富的种植经验可以有效克服技术应用难题，技术易用与否不再是一个具有决定性的因素。

第五，配方设计认知在老龄组样本模型中系数为正，通过10％水平下的显著性检验，但在非老龄组中不显著。可能的解释是，相较非老龄组，老龄组农户长期从事水稻种植生产，深知肥料科学管理和施用的重要性，而配方设计作为科学施肥方案制定的主要内容，当农户对配方设计的作用有清晰认识时，其自然会更愿意采用测土配方施肥技术。

2. 异质性分析：以受教育年限划分

表5-8为以户主受教育年限划分的不同群组农户测土配方施肥技术初次采用行为的回归结果。整体来看，以户主受教育年限进行划分后，低水平组样本农户200个，高水平组样本农户171个，模型卡方值分别为78.24、45.58，均通过了1％水平下的显著性检验，且模型伪R^2分别为0.282、0.194，表明两个模型的整体拟合效果较好，具有较强的解释能力。总体来看，低文化水平农户和高文化水平农户均会受到服务供给、技术认知的影响，但在个别变量上影响情况存在差异。

表5-8 不同群组农户技术采用行为回归结果：以受教育年限划分

变量名称	低水平组		高水平组	
	系数	标准误	系数	标准误
测土结果公布	0.251	0.732	1.345**	0.571
配方服务组织	−1.263	0.846	0.099	0.657
配肥服务组织	0.799	0.749	−1.026*	0.564
配方肥获取	0.907**	0.407	1.230***	0.431

（续）

变量名称	低水平组		高水平组	
	系数	标准误	系数	标准误
施肥建议卡	1.579	1.072	1.935	1.200
感知有用性	0.376*	0.207	−0.039	0.196
感知易用性	−0.096	0.220	0.522**	0.233
测土重要性认知	0.441**	0.205	0.195	0.164
配方设计认知	1.663**	0.674	−0.049	0.486
企业标准生产认知	0.296	0.443	0.537	0.430
肥料区分认知（以"不清楚"为参照）				
有区别	−0.610	0.420	−0.384	0.453
没有区别	−0.046	0.667	−1.303*	0.686
控制变量	是		是	
观测值	200		171	
卡方值	78.24***		45.58***	
Pseudo R^2	0.282		0.194	

注：***、**、* 分别表示相关变量系数通过1%、5%和10%水平下的显著性检验。

　　具体到各变量来看，第一，测土结果公布在高水平组样本模型中系数为正，通过5%水平下的显著性检验，但在低水平组中不显著。一般来说，农户文化水平越高，所掌握的知识更多、运用知识认知世界的能力越强（王钊 等，2015）。通过测土结果的公布，有助于高水平组的农户对测土配方施肥技术形成一个准确的认知，进而会表现出较高的技术采纳积极性。对于低水平组农户而言，缺乏对测土环节以及测土配方施肥技术的了解，可能会表现出不采纳的行为。

　　第二，配肥服务组织在高水平组样本模型中系数为负，通过10%水平下的显著性检验，在低水平组中系数为正，但未通过显著性检验。可能的原因是，配肥服务组织的主要职责在于，将配方设计方案以配方肥或掺混肥的方式进行显性化，这可以减轻农户在应用测土配方施肥技术时的学习成本、经济成本，因此可以在一定程度上促进文化水平较低的农户采用该技术。但对于高水平组农户而言，其本身具备较高的综合素质，易出现过度自信、依赖自身种植经验的情形，反而对测土配方施肥技术表现出较低的采纳积极性。

　　第三，配方肥获取在低水平组和高水平组样本模型中的系数分别为0.907、1.230，分别通过5%和1%水平下的显著性检验，进一步对该变量在两个模型的组间差异进行检验①，经验 P 值为 0.596，表明在低水平组和高水平组配方肥获取对农户测土配方施肥技术初次采纳行为的影响不存在显著差异。换言之，无论农户文化程度如何，在可以有效获取配方肥时，均会表现出较高的测土配方施肥技术采纳积极性。

第四，感知有用性对低水平组农户产生显著正向影响，感知易用性则对高水平组农户产生显著正向影响，表明对于不同文化水平的农户，对测土配方施肥技术的关注重点存在一定差异。文化水平的差异，决定了农户思考问题的方式和深度存在不同。一般来说，新技术的研发与推广，必然有其应用的价值和作用，文化水平高的农户会进一步考察技术的易用性，而文化水平较低的农户则仍停留在技术是否有用的初级阶段。

第五，测土重要性认知、配方设计认知在低水平组样本模型中的系数为正，且通过 5％ 水平下的显著性检验，但在高水平组中不显著。可能的解释是，对于低水平组农户而言，由于其文化水平有限，在形成正向技术认知时，即认识到测上环节的重要性，以及知晓配方设计的原理，在认知和行为上更易于表现出一致性，表现出技术采用行为。对于高文化水平的农户，即使形成准确的技术认知，但可能因考虑到可操作性、适用性等问题而依然选择不采纳。

第六，肥料区分认知中"没有区别"变量在高水平组样本模型中系数为负，通过 10％ 水平下显著性检验，但在低水平组不显著。可能的原因是，对于高水平组农户而言，当其认为配方肥和传统复合肥没有区别时，自然会倾向于选择沿用传统的施肥方式，因为改变传统种植方式需要付出一定的学习成本、经济成本，而文化水平较高的农户更能意识到这一点，进而在高水平组样本中表现出显著负向影响。

3. 异质性分析：以家庭主要收入来源划分

表 5-9 为以家庭主要收入来源划分的不同群组农户测土配方施肥技术初次采用行为的回归结果。整体来看，以家庭主要收入来源进行划分后，农业收入组样本农户 157 个，非农收入组样本农户 214 个，模型卡方值分别为 55.61、61.11，均通过了 1％ 水平下的显著性检验，且模型伪 R^2 分别为 0.260、0.206，表明两个模型的整体拟合效果较好，具有较强的解释能力。

---

① 配方肥获取变量在两个模型中均通过了显著性检验，系数大小存在差异，但并不能以此得出该变量存在组间差异，因为两者的 95％ 置信区间存在重叠部分（连玉君和廖俊平，2017）。因此，需要进一步从统计意义上进行相关检验。

表 5-9　不同群组农户技术采用行为回归结果：以家庭收入来源划分

变量名称	农业收入组		非农收入组	
	系数	标准误	系数	标准误
测土结果公布	1.563**	0.716	0.367	0.557
配方服务组织	−0.852	0.817	−0.433	0.651
配肥服务组织	−0.090	0.771	−0.367	0.520
配方肥获取	1.411***	0.480	0.868**	0.373
施肥建议卡	1.278	1.153	2.897**	1.120
感知有用性	0.149	0.217	0.048	0.197
感知易用性	0.489*	0.253	0.085	0.207
测土重要性认知	0.230	0.190	0.331*	0.187
配方设计认知	0.605	0.647	0.726	0.492
企业标准生产认知	0.253	0.475	0.628	0.400
肥料区分认知（以"不清楚"为参照）				
有区别	−0.596	0.488	−0.403	0.377
没有区别	−0.065	0.707	−1.773**	0.737
控制变量	是		是	
观测值	157		214	
卡方值	55.61***		61.11***	
Pseudo R^2	0.260		0.206	

注：***、**、*分别表示相关变量系数通过1%、5%和10%水平下的显著性检验。

具体到各变量来看，第一，测土结果公布在农业收入组样本模型中系数为正，通过5%水平下的显著性检验，但在非农收入组中该变量未能通过显著性检验。可能的原因是，相较以非农收入为主的农户家庭，以农业收入为主要收入来源的农户家庭，在进行农业技术采纳决策时更为谨慎，因为任何农业生产上的决策均可能会对农户家庭带来重要影响。测土结果的公布，不仅增强了农户对土壤供肥情况的了解，同时传达出一个积极的信号，即测土配方施肥技术具有现实依据和科学支撑，从而对更为谨慎的农户家庭影响更为显著。

第二，配方肥获取在农业收入组和非农收入组样本模型中的系数分别为1.411和0.868，分别通过1%和5%水平下的显著性检验，进一步对该变量的组间差异进行检验后，经验P值为0.379，表明配方肥获取变量在农业收入组和非农收入组的测土配方施肥技术采用模型中无显著差异。无论以农业收入为主，还是以非农收入为主，当农户可以有效获取配方肥时，均会表现出较高的测土配方施肥技术采纳积极性。

第三，施肥建议卡在非农收入组样本模型中的系数为正，通过 5% 水平下的显著性检验，但在农业收入组中并不显著。可能的原因是，非农收入组的农户家庭在水稻种植管理上所投入的时间和精力相对较少，当可以获得施肥建议卡时，可以直接按照施肥建议卡上的施肥方案进行实际生产，降低了其对水稻施肥管理过程中的决策成本，而对于以农业收入为主要经济来源的农户家庭，不仅会考虑施肥建议卡的内容，同时结合水稻长势、目标产量等多方面因素，相应的技术采纳决策并不完全依赖于施肥建议卡的获取情况。

第四，感知易用性在农业收入组样本模型中的系数为正，通过了 5% 水平下的显著性检验，但在非农业收入组中不显著。可能的原因是，以农业收入为家庭主要收入来源时，其农业经济的重要性可见一斑，以新技术的应用改善农业生产条件成为其必然选择的路径，而技术的易用程度必然会考虑在内。对于以非农收入为主的农户家庭，农业收入有限降低了其对新技术的需求以及对技术易用性的关注程度，即表现为该变量在非农收入组中不显著。

第五，测土重要性认知在非农收入组样本模型中的系数为正，通过 10% 水平下的显著性检验，但在农业收入组中不显著。可能的原因是，相较农业收入组农户，非农收入组农户在从事农业生产的同时，参与其他非农产业的生产活动，在此过程中易于接触到新事物、新理念，对取土检测形成更好、更准确的认知，即更能认识到测土的重要性，从而产生显著影响。而对于以农业收入为主的农户，一方面过度自信于其自身的种植经验，另一方面可能需要考虑测土以外的其他事项，从而导致测土重要性认知影响不显著。

第六，肥料区分认知中"没有区别"变量在非农收入组样本模型中的系数为负，通过 5% 水平下的显著性检验，但在农业收入组样本模型中不显著。对于这一结果可能的解释为，相较以农业收入为主的农户家庭，非农收入作为农户家庭主要的经济来源时，对农业生产的重视程度相对较低，当其认为配方肥和传统复合肥无明显区别时，自然不会选择购买配方肥来应用测土配方施肥技术，因为改变传统的施肥方式和习惯需要一定的心理成本和经济成本（蒋琳莉等，2018），进而最终表现为肥料无区别对非农收入组农户技术采纳行为具有显著负向影响。

四、本章小结

本章重点回答和识别了影响农户测土配方施肥技术初次采用行为的关键因素有哪些。首先，从理论层面探讨了服务供给、技术认知对农户测土配方施技术初次采用行为的影响机理。其次，利用 371 份微观调查数据，对服务供给、技术认知和初次采用行为的相关性进行了分析，并进一步利用 Logit 模型进行了实证检验。最后，将样本进行分组，分析和讨论了服务供给、技术认知对农户测土配方施肥技术初次采用行为影响机理的异质性情况。主要结论如下：

（1）服务供给、技术认知与农户测土配方施肥技术初次采用行为之间存在高度相关性。其中，服务供给维度的 5 个变量，测土结果公布、配方服务组织、配肥服务组织、配方肥获取和施肥建议卡与初次采用行为的 Pearson 检验 χ^2 值分别为 13.152、3.110、8.026、19.644、14.663，均至少通过 10% 水平下显著性检验；而技术认知维度的 5 个变量，感知有用性、感知易用性、测土重要性认知、配方设计认知和企业标准生产认知与初次采用行为的 Pearson 检验 χ^2 值分别为 8.390、10.429、25.461、17.986、20.353，均通过 1% 水平下显著性检验。

（2）农户测土配方施肥技术初次采用行为受到服务供给、技术认知的共同影响。具体表现为：在服务供给维度，农户技术采用行为会受到测土结果公布、配方肥获取和施肥建议卡的显著正向影响；在技术认知维度，则主要受到测土重要性认知、配方设计认知的显著正向影响。进一步计算各变量的平均边际效应发现，排名前三的是施肥建议卡、配方肥获取以及测土结果公布，平均边际效应值分别为 0.376、0.188 和 0.156，表明相较技术认知，服务供给的影响更为显著。

（3）不同群组划分方式下，服务供给、技术认知对农户测土配方施肥技术初次采用行为的影响机理存在一定差异。主要表现在：①配方肥获取变量在除老龄组农户外任一分组中，均会对农户技术采用行为产生显著正向影响；②测土结果公布、感知易用性对非老龄、高文化水平以及以农业收入为主的农户技术采用行为具有显著促进作用；③施肥建议卡对老龄、高文化水平以及以非农收入为主的农户技术采用行为产生显著正向作用；④感知易用性对非老龄、高文化水平以及以农业收入为主的农户技术采用行为具有显著促进作用，从一个侧面间接证实了认知偏差会通过技术易用性感知对农户初次采用行为产生影响；⑤感知有用性对低文化水平农户技术采用行为产生显著正向影响，同样也间接证实了认知偏差会通过技术有用性感知对农户初次采用行为产生影响。

第六章　期望确认对农户测土配方施肥技术持续采用行为影响分析

第五章通过对农户测土配方施肥技术初次采用行为影响因素分析，得出了一些有益的结论。作为初次采用行为在时间轴上的延续，农户测土配方施肥技术持续采用行为同样值得关注。事实上，要真正实现农业发展的绿色转型和可持续，不仅要关注技术的采用与否，关键在于农业绿色技术的持续应用（Bhattacherjee，2001；余威震 等，2019a）。因此，准确识别和厘清影响农户测土配方施肥技术持续采用行为的关键因素，对有效引导农户开展技术持续采用、加快推进农业绿色发展转型具有十分重要的现实意义。

本章内容安排为：首先，借鉴 Bhattacherjee 等（2008）所提出的持续使用模型，结合测土配方施肥技术的特点，构建农户测土配方施肥技术持续采用模型，重点探讨期望确认对持续采用行为的影响。其次，基于微观调研数据，对期望确认与农户测土配方施肥技术持续采用行为之间的关系进行描述性分析，以初步判断期望确认对农户持续采用行为的影响。最后，利用结构方程模型，对理论模型进行实证检验，厘清各潜变量对农户持续采用行为的影响路径和作用大小，并进一步对农户资源禀赋特征的调节效应进行检验。

一、理论分析与研究设计

（一）理论分析与研究假说

1. 理论分析

农户测土配方施肥技术持续采用行为，尽管在行为对象上与信息系统技术、图书情报技术存在较大差异，但本质上仍属于持续采用行为，是农户在初次采用测土配方施肥技术后，技术应用的实际效果与期望目标相一致或较为接近，即期望确认，进而选择持续采用测土配方施肥技术。本章在借鉴 Bhattacherjee 等（2008）的扩展的持续使用模型基础上，为突出测土配方施肥技术的绿色属性，即绿色生产技术的运用可以兼顾经济效益和环境效益，因此将期望确认细分为经济维度期望确认和环境维度期望确认,构建出农户测土配方施肥技术持续采用模型(图6-1),重点探讨经济维度期望确认和环境维度期望确认对农户技术持续采用行为的影响。

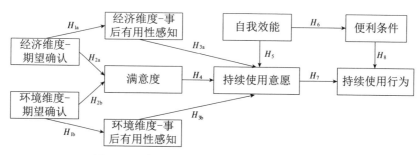

图6-1 农户测土配方施肥技术持续采用模型

2. 研究假说

期望确认理论指出,消费者在使用一个产品之前,会通过产品营销、媒体报道等途径对产品形成期望,在使用之后会将产品绩效与之前的期望水平进行比较和匹配,从而影响到消费者对该产品的满意度(Oliver,1980)。期望确认是个体主观期望与产品绩效之间一致性的认知(陈昊 等,2016)。在测土配方施肥技术持续采用行为决策过程中,农户需经历同样的技术认知、期望形成、初次使用、效果评价、期望确认等系列过程。相较社会化媒体、电子商务等信息系统技术,测土配方施肥技术作为一项"缺什么补什么、缺多少补多少"的科学施肥技术,在实现化肥减量、减少劳动投入等经济效益的同时,也可实现减少地下水污染、促进农田生态系统平衡等环境效益(张福锁,2006;苏毅清,王志刚,2014;Rurinda et al.,2013)。因此,在农户对测土配方施肥技术的期望确认过程中,需考虑经济和环境两个维度的内容,一旦技术采用后得到不同程度的确认(匹配、未达到、超过预期等),农户将产生满意或不满意(杨根福,2016),从而影响到测土配方施肥技术持续采用行为。

不仅如此,农户期望确认的过程,也是对测土配方施肥技术有用性再次认知和评价的过程。一般来说,在采用前和在采用后,同一个体对同一技术的评价会发生改变(林家宝 等,2011),而当技术效果与期望水平相匹配时,农户对测土配方施肥技术在经济、环境等方面的效果评价将更加客观,并接近技术真实的状态,即农户对测土配方施肥技术形成准确认知,换言之,期望确认将有助于提升农户的事后感知有用性。因此,本书提出如下假说。

H_{1a}:经济维度的期望确认会对农户经济维度的事后感知有用性产生显著

正向影响。

H_{1b}：环境维度的期望确认会对农户环境维度的事后感知有用性产生显著正向影响。

H_{2a}：经济维度的期望确认会对农户满意度产生显著正向影响。

H_{2b}：环境维度的期望确认会对农户满意度产生显著正向影响。

感知有用性，被定义为潜在用户对某个系统/技术的使用将改善其行为的主观可能性，并作为技术采纳模型（TAM）的核心构成要素（Davis，1989），被学界广泛接受并用于解释个体技术采纳决策（冯秀珍，马爱琴，2009；储成兵，2015；吴雪莲 等，2016；Lai，2015）。对于持续采用行为决策，本研究关注的是农户在初次采用测土配方施肥技术之后形成的有用性感知，强调的是一种事后评价。技术采用的阶段性特征，决定了农户技术有用性感知的动态性变化，以事后感知有用性（Post-Usage Usefulness）代替传统的、事前的感知有用性，更能准确反映有用性感知对农户持续采用意愿的影响。若农户认为测土配方施肥技术具有一定优势和作用时，尤其是在初次采用之后，对该技术的有用性越认可，其越易表现出持续采用倾向。此外，同样考虑到经济和环境两个维度均会形成相应的事后感知有用性，且均会对农户技术持续采用意愿产生重要影响。为此，本书提出如下假说。

H_{3a}：经济维度的事后感知有用性对农户测土配方施肥技术持续采用意愿具有显著正向影响。

H_{3b}：环境维度的事后感知有用性对农户测土配方施肥技术持续采用意愿具有显著正向影响。

满意度（Satisfaction）是个体通过对一项技术或产品的感知效果与期望值相比较后，所形成的一种愉悦或失落的心理状态（Kotler et al.，2001）。当农户初次采用测土配方施肥技术之后，会对该技术形成一个综合评价，在对技术效果与期望水平进行比较之后形成满意或不满意的情感，进而直接影响到农户测土配方施肥技术持续采用意愿。以往有关研究也表明，满意度是预测个体技术或服务持续使用意愿的重要指标（Bhattacherjee et al.，2008；Larsen et al.，2009；杨沅瑗，2014）。因此，当农户在初次采用测土配方施肥技术之后表现为满意，其自然会表现出较高的持续采用意愿，以追求个体效用最大化和生产利润最大化；反之若表现为不满意，负面情感将会阻碍农户形成持续采用的动机。基于上述分析，本书提出如下假说。

H_{4}：满意度对农户测土配方施肥技术持续采用意愿具有显著正向影响。

自我效能（Self-Efficacy）反映是的个体对独自完成一件事情的能力的信

心（Ajzen，2002）。Bhattacherjee 等（2008）则进一步指出，自我效能重点关注个体的技能和能力情况，反映出个体在初次采纳之后、在持续采用行为决策前形成的一种自我认知情况，对持续采用意愿而非持续采用行为产生影响。相关研究也证实，自我效能对个体主观意愿会产生显著影响（Terry，O'Leary，1995；Liang，Xue，2011）。在初次采用测土配方施肥技术之后，农户会对自己在该技术的掌握使用能力、问题解决能力等方面形成一个认知和评价，若农户认为其可以有效解决技术应用过程中的各种问题、充分发挥技术优势，即自我效能良好，其必然愿意持续采用，反之则会在初次使用后停止采用测土配方施肥技术，寻求更合适的绿色生产技术。

此外，与自我效能相对的是，从外部环境视角反映个体对完成一件事情所需的资源条件的控制能力，即便利条件（Facilitating Conditions）。事实上，两者都是从计划行为理论中的感知行为控制（Perceived Behavioral Control）中衍生形成，从内在和外在两个层面反映个体对完成某一事项或技术采纳的能力（Armitage，Conner，1999；Ajzen，2002），两者之间表现出有区别且相关的关系。一般而言，个体的内在能力认知情况会影响到其外部资源获取情况，即自我效能会对便利条件产生影响，尽管便利条件所反映的内容偏向于一种外部环境对技术持续使用行为的支撑，但当农户认为其具有较强的处理和解决问题的能力时，其在获取生产要素、技术指导等方面同样具有明显优势，即在测土配方施肥技术应用过程中越易于获取有力的外部条件支持。基于上述分析，本书提出如下假说。

H_5：自我效能对农户测土配方施肥技术持续采用意愿具有显著正向影响。

H_6：自我效能对便利条件具有显著正向影响。

意愿作为行为最重要的预测因子，被认为是影响行为的最直接因素（Ajzen，1991），而这一关系在多个理论模型中也得到了体现，例如理性行为理论（TRA）、计划行为理论（TPB）、技术采纳与整合理论（UTAUT），并在实际运用中得到了验证（吴九兴，杨钢桥，2014；Yueh et al.，2015）。农户测土配方施肥技术持续采用行为作为初次采用行为在时间上的延续，在很大程度上仍属于一种理性选择，会受到内外部因素的影响，其中持续采用意愿是影响持续采用行为的最直接因素。因此，当农户表现出持续采用意愿时，会更积极地利用各种资源将意愿转化为实际行动，以实现利润最大化的目标追求；反之缺乏持续采用意愿，自然缺少将意愿转化为实际行动的动力，进而未能表现出持续采用行为。基于以上分析，本书提出如下假说。

H_7：持续采用意愿对农户测土配方施肥技术持续采用行为具有显著正向影响。

尽管意愿可以作为行为最重要的预测因子，但不少关于探讨意愿与行为的研究指出，因受资源禀赋、个人能力等因素的限制，意愿与行为易发生背离，即表现出高意愿、低行为现象（陈绍军 等，2015；余威震 等，2017；张童朝等，2019；黄炎忠 等，2019）。Ajzen（1991）认为，意愿与行为之间存在一定"距离"，主要是个体对自己的行为缺乏主观控制，无法将意愿有效转化成实际行动。其中，外部资源（包括生产要素、技术咨询等）的可控性，即便利条件，作为主观行为控制的部分构成（Ajzen，2002；Sparks et al.，1997），会对个体行为决策产生显著影响，农户测土配方施肥技术持续采用行为同样如此。例如，当农户表现出一定的持续采用意愿时，但缺乏必要的条件支持，自然无法形成持续采用行为。基于此，本书提出如下假说：

H_8：便利条件对农户测土配方施肥技术持续采用行为具有显著正向影响。

（二）量表设计与数据说明

1. 量表设计

为了获取农户测土配方施肥技术持续采用行为的微观数据，本章节在借鉴相关研究和理论基础上，构建出符合我国农业发展现状和研究对象特征的技术持续采用模型，并以此设计出调查量表。需要说明的是，关于持续采用行为的研究多集中于信息系统技术、图书情报技术（Bhattacherjee et al.，2008；陈渝 等，2014；陈昊 等，2016），相关问题的量表设计较为成熟。因此在借鉴相关研究成果设计本书的调查量表时，主要采取的策略是从期望确认、持续采用行为等潜变量的基本内涵出发，重点考虑测土配方施肥技术的绿色属性特征，并结合农户行为研究中量表设计的相关技巧，包括提问方式、选项设置等，最终进行量表设计。

具体而言，量表内容涉及经济维度的期望确认、环境维度的期望确认、经济维度的事后感知有用性、环境维度的事后感知有用性、满意度、自我效能、持续采用意愿、便利条件以及持续采用行为共 9 个方面内容，包含 27 个题项。其中，经济维度的事后感知有用性、环境维度的事后感知有用性的量表设计参考了 Davis 等（1989）的研究成果，经济维度的期望确认、环境维度的期望确认、满意度的量表设计参考了 Bhattacherjee（2001）的研究成果，自我效能、持续采用意愿、便利条件的量表设计参考了 Taylor 和 Todd（1995）的研究成果，持续采用行为的量表设计参考了 Bhattacherjee 等（2008）的研究成果，在传统量表考察主观感受的基础上，进一步考虑测土配方施肥技术的持续采用年限，在一定程度上可以避免应答偏差的影响[①]。因此，除"持续采用测土配方施肥技术年限"这一题项外，其余题项均采用李克特五分量表法进行测量，选项为1、2、3、4、5，分别表示"非常不同意""较不同意""一般""比较同意""非常同意"。

2. 数据说明

由于本章节重点关注农户测土配方施肥技术持续采用行为，对样本农户进行筛选，并剔除前后矛盾和关键变量缺失的无效问卷，最终获得适用于本章节研究的329份农户调查问卷。其中，湖北省256份，浙江省40份，江西省33份。

（三）模型构建与变量说明

为系统分析各因素对农户测土配方施肥技术持续采用行为的影响，本章节选择结构方程模型进行实证检验，该方法的优势体现为：一是结构方程模型通过对因素分析和路径分析两种统计方法的整合，可以同时处理多个因变量，并对模型中潜在变量、可观测变量以及误差项之间的关系进行系统性检验；二是结构方程模型在参数估计时，允许潜在变量存在测量误差，提高了模型的适用性（吴明隆，2010）。一般而言，结构方程模型主要由测量模型和结构模型两个模型构成。其中，测量模型是基于一系列可观测变量（observed variable）构建而成的线性函数，而对于不可观测变量，即潜在变量（latent variable）进行估计，例如本书中的期望确认、满意度等变量，无法直接测量或准确测量。结构模型是对各潜在变量之间因果关系的说明，需依据相关理论进行构建。具体方程形式如式（6-1）至式（6-3）所示：

$$X = \Lambda_x \xi + \delta \qquad (6-1)$$

$$Y = \Lambda_y \eta + \varepsilon \qquad (6-2)$$

$$\eta = b\eta + \gamma\xi + \zeta \qquad (6-3)$$

式（6-1）和式（6-2）表示测量模型，其中，X 和 Y 分别对应外生潜变量（ξ）和内生潜变量（η）的可观测变量，Λ_x 和 Λ_y 表示的是关联系数矩阵，即因素负荷量，δ 和 ε 则分别为两个测量模型的测量误差项。式（6-3）表示结构模型，其中 b 和 γ 分别表示内生潜变量（η）和外生潜变量（ξ）的系数矩阵，ζ 则为结构模型的误差项。

---

① 尽管在第五章对农户测土配方施肥技术采纳行为进行了细分，其中包括持续采用行为，为科学地测定持续采用行为，本章节在客观衡量的基础上，进一步考察了农户对测土配方施肥技术持续采用行为的主观评价情况，设计三个问题进行全面考量，同时满足结构方程模型潜变量需要至少2个观测变量的技术要求。

具体所涉及的潜变量和观测变量及其描述性分析如表 6 - 1 所示。

表 6 - 1 潜变量、观测变量及其描述性分析（$N=329$）

潜变量	观测变量	均值	标准差
经济维度事后 感知有用性 (Eco-Post-Usage)	采用测土配方施肥技术可以提高粮食单产（$ECOU_1$）	3.836	0.802
	采用测土配方施肥技术可以节约生产资料投入（$ECOU_2$）	3.465	0.981
	采用测土配方施肥技术可以节省劳动力（$ECOU_3$）	3.499	1.021
环境维度事后 感知有用性 (Env-Post-Usage)	采用测土配方施肥技术可以改善土壤质量（$ENVU_1$）	3.450	0.906
	采用测土配方施肥技术可以保护生物多样性（$ENVU_2$）	3.243	0.884
	采用测土配方施肥技术可以缓解水体污染（$ENVU_3$）	3.116	0.959
经济维度 期望确认 (Eco-Dis)	采用测土配方施肥技术提高了粮食单产并超出了我的预期（$ECOD_1$）	3.420	0.979
	采用测土配方施肥技术节约了生产成本并超出了我的预期（$ECOD_2$）	3.188	1.096
	采用测土配方施肥技术节省了劳动力并超出了我的预期（$ECOD_3$）	3.240	1.059
环境维度 期望确认 (Env-Dis)	采用测土配方施肥技术改善了土壤质量，并超出了我的预期（$ENVD_1$）	3.134	0.969
	采用测土配方施肥技术保护了生物多样性并超出了我的预期（$ENVD_2$）	3.037	0.933
	采用测土配方施肥技术缓解了水体污染，并超出了我的预期（$ENVD_3$）	2.921	0.953
满意度 (Satisfaction)	在采用测土配方施肥技术之后感觉很满意（SAT_1）	4.000	0.914
	在采用测土配方施肥技术之后感觉很高兴（SAT_2）	3.945	0.919
	在采用测土配方施肥技术之后很有成就感（SAT_3）	3.769	0.905
自我效能 (Self-Efficacy)	我相信自己可以学会并掌握测土配方施肥技术（SE_1）	3.872	0.867
	通过别人的简单指导，我就可以学会测土配方施肥技术（SE_2）	3.869	0.893
	我有丰富的种植经验，可以应对农业生产中的各种不确定因素（SE_3）	3.635	0.931
持续采用意愿 (Continuance- Intention)	我愿意继续采用测土配方施肥技术（CI_1）	4.030	0.972
	我愿意继续施用更多的配方肥来代替传统化肥（CI_2）	3.891	0.982
	我愿意继续采用测土配方施肥技术来提高生产效率（CI_3）	3.954	0.938
便利条件 (Facilitating)	我可以方便地购买到配方肥（FAC_1）	4.146	0.878
	在使用过程中遇到问题时我能轻易找到人咨询（FAC_2）	4.043	0.854
	我具有采用测土配方施肥技术的经济条件（FAC_3）	3.845	0.861

（续）

潜变量	观测变量	均值	标准差
持续采用行为 （Continuance- Behavior）	我一直在用测土配方施肥技术（CB$_1$）	3.878	1.162
	我多年在用测土配方施肥技术（CB$_2$）	3.924	1.144
	持续采用测土配方施肥技术年限（CB$_3$）	4.067	3.184

数据来源：样本调研数据整理所得。

二、期望确认与农户持续采用行为关系的描述性分析

（一）农户技术期望确认描述性分析

基于 329 份有效问卷，从经济维度和环境维度两个方面，对农户对测土配方施肥技术期望确认水平进行了描述性统计（表 6-2）。

从经济维度期望确认的三个变量来看，表现出相似的样本分布特征：在各选项的样本比例均较为接近，其中选择"一般"的样本农户占比均在 30％以上，其次为选择"比较同意"的样本农户，相应比例同样接近 30％。这反映出，尽管农户对测土配方施肥技术的有用性感知较为强烈，但期望确认水平相对较低，表明在实际采用该技术后，在提高粮食单产、节约生产要素投入等经济价值方面的效果并未完全达到预期。其中，以"节约要素投入"的期望确认水平最低，均值为 3.19，且 60.49％的样本农户选择了"一般"及以下的选项；其次为"节省劳动力"的期望确认水平，均值为 3.24，同样有 60.49％的样本农户选择了"一般"及以下的选项；最后为"提高粮食单产"的期望确认水平，均值为 3.42，且 56.53％的样本农户选择了"一般"及以下的选项。

从环境维度期望确认的三个变量来看，在各选项上的样本占比几乎不存在差别，表现出相似的样本分布特征，且变量均值处于 3.00 上下。其中，选择"较不同意"的样本占比介于 21.58％～22.80％，选择"一般"的样本占比介于 41.03％～45.29％，而变量均值则介于 2.92～3.13，表明在改善土壤质量、保护生物多样性等环境效益方面的效果并未完全达到农户的预期，即期望确认水平整体处于一个较低的水平。具体来看，以"缓解水体污染"方面的期望确认水平最低，有 75.38％的农户选择了"一般"及以下的选项。尽管化肥的过量施用是造成农业面源污染的重要来源，但水体污染的发生较为隐蔽，农户不一定可以及时观察到，且缺乏相应的知识，这可能导致了在缓解水体污染方面

的期望确认水平相对较低。与此类似的是，在"保护生物多样性"方面的期望确认水平也相对较低，71.42%的农户选择了"一般"及以下的选项。肥料的施用会对土壤中微生物的活动产生影响，从而间接影响到土壤质量，但识别出这一方面的技术效果同样需要一定的知识，以及较长时间的积累，因此可能会导致农户对保护生物多样性的期望确认水平不高。此外，在"改善土壤质量"方面的期望确认水平相对较高，但同样有66.26%的样本农户选择了"一般"及以下的选项。

表 6-2　样本农户技术期望确认描述性分析

单位:%

	变量	非常不同意	较不同意	一般	比较同意	非常同意	均值
经济维度期望确认	提高粮食单产	2.43	12.46	41.64	27.66	15.81	3.42
	节约要素投入	6.69	19.76	34.04	27.05	12.46	3.19
	节省劳动力	3.95	21.28	35.26	25.84	13.68	3.24
环境维度期望确认	改善土壤质量	3.65	21.58	41.03	25.23	8.51	3.13
	保护生物多样性	4.56	21.88	44.98	22.49	6.08	3.04
	缓解水体污染	7.29	22.80	45.29	19.76	4.86	2.92

数据来源：样本调研数据整理所得。

(二) 期望确认与农户持续采用行为的相关性检验

为进一步了解期望确认与农户测土配方施肥技术持续采用行为之间的关系，本书利用 SPSS 19.0 对两者进行了交叉表分析。考虑到测土配方施肥技术持续采用行为是由三个题项进行综合反映的，因此为便于直观地观察到期望确认与农户技术持续采用行为之间的关系，对持续采用行为的三个题项进行因子得分[①]，并将大于平均值（均值为 0）的重新赋值为 1，表示存在测土配方施肥技术持续采用行为；将小于平均值的重新赋值为 0，表示不存在测土配方施肥技术持续采用行为。具体检验结果如表 6-3 所示。总体来看，期望确认中仅部分变量，主要包括提高粮食单产、节省劳动力、保护生态环境三个子维度的期望确认与农户测土配方施肥技术持续采用行为的相关性通过了显著性检验，且结合样本分布情况来看，两者之间均呈现出正相关关系。初步推断，在农户初次采用测土配

----

① 技术持续采用行为的 Bartlett 球形检验的 p 值均为 0.000，表明样本数据适用于因子分析，基于主成分分析法分别提取出一个公因子，解释方差和为 72.54%。同时，对量表的信度进行检验，技术持续采用行为的 Cronbach's α 值分别为 0.598，表明提取的公因子代表性相对较好。

方施肥技术之后，经济维度、环境维度的部分效果达到了农户的预期，即形成较高的期望确认水平时，农户会表现出较高技术持续采用的可能性。

表 6-3　期望确认与农户技术持续采用行为

单位:%

提高粮食单产

持续采用行为	非常不同意	较不同意	一般	较同意	非常同意	Pearson 检验 χ^2
是	12.50	31.71	56.20	69.23	67.31	25.047***
否	87.50	68.29	43.80	30.77	32.69	

节约要素投入

持续采用行为	非常不同意	较不同意	一般	较同意	非常同意	Pearson 检验 χ^2
是	54.55	49.23	54.46	56.57	68.29	5.342
否	45.45	50.77	45.54	43.43	31.71	

节省劳动力

持续采用行为	非常不同意	较不同意	一般	较同意	非常同意	Pearson 检验 χ^2
是	23.08	40.00	62.07	62.35	73.33	21.495***
否	76.92	60.00	37.93	37.65	26.67	

改善土壤质量

持续采用行为	非常不同意	较不同意	一般	较同意	非常同意	Pearson 检验 χ^2
是	50.00	47.89	60.00	60.24	64.29	4.087
否	50.00	52.11	40.00	39.76	35.71	

保护生物多样性

持续采用行为	非常不同意	较不同意	一般	较同意	非常同意	Pearson 检验 χ^2
是	66.67	41.67	60.81	60.81	70.00	10.173**
否	33.33	58.33	39.19	39.19	30.00	

缓解水体污染

持续采用行为	非常不同意	较不同意	一般	较同意	非常同意	Pearson 检验 χ^2
是	54.17	53.33	55.03	64.62	75.00	4.363
否	45.83	46.67	44.97	35.38	25.00	

注：***、**、* 分别表示检验值在 1%、5% 和 10% 置信水平下显著。

1. 经济维度期望确认

第一，提高粮食单产方面的期望确认（简称提高粮食单产，该小节其余变量均按此方式进行表述）与农户技术持续采用行为之间的 Pearson 检验 χ^2 值为 25.047，通过了 1% 水平下的显著性检验；从样本分布情况上看，同样表现出明显的趋势，在"使用测土配方施肥技术提高了粮食单产，并超出了我的预期"这一题项上，选择"非常不同意""一般""非常同意"的样本中，分别有12.50%、56.20%和67.31%的农户具有持续采用行为，表明随着农户在粮食单产方面期望确认水平的提高，其表现出测土配方施肥技术持续采用行为的可能性越大。第二，节约要素投入与农户技术持续采用行为之间的 Pearson 检验 χ^2 值为5.342，未能通过显著性检验，且在"使用测土配方施肥技术节约了要素投入，并超出了我的预期"这一题项上的所有选择中，农户是否具有持续采用行为并不存在显著差异，表明两者之间不存在相关性。第三，节省劳动力与农户技术持续采用行为之间的 Pearson 检验 χ^2 值为21.495，通过了1%水平上的显著性检验。结合样本分布情况看，在"使用测土配方施肥技术节省了劳动力，并超出了我的预期"这一题项上，选择"非常不同意""一般""非常同意"的样本中，分别有23.08%、62.07%和73.33%的农户表现出持续采用行为，表明农户在节省劳动力方面的期望确认水平越高，越易形成测土配方施肥技术持续采用行为。

2. 环境维度的期望确认

三组关系中，仅有保护生物多样性与农户技术持续采用行为的 Pearson 检验 χ^2 值为10.173，通过了5%水平下的显著性检验，进一步结合样本分布情况，在"使用测土配方施肥技术保护了生物多样性，并超出了我的预期"这一题项上，选择"较不同意""一般""非常同意"的样本中，分别有41.67%、60.81%、70.00%的农户存在技术持续采用行为，表明农户在保护生物多样性方面的期望确认水平越高，越易形成测土配方施肥技术持续采用行为。对于改善土壤质量与农户测土配方施肥技术持续采用行为、缓解水体污染与农户测土配方施肥技术持续采用行为这两组关系的 Pearson 检验 χ^2 值仅为4.087和4.363，均未通过显著性检验，表明两者之间不存在显著的相关性关系。

三、实证结果与讨论

（一）信度和效度检验

信度检验（Reliability Analysis），是通过统计方法对量表设计是否具有一定稳定性和可靠性的有效分析方法（时立文，2012）。本书采用学界应用最为广泛的 Cronbach's α 系数和组合信度（Composite Reliability，简称CR）作为信度检验的标准（吴林海 等，2011；黄元 等，2019；王欢 等，2019）。一般认为，当 Cronbach's α > 0.70 时，表示具有相当好的信度；当 Cronbach's α > 0.80 时，表示具有非常好的信度。由表6-4可知，各变量的 Cronbach's α 均大于 0.7，且多数变量的 Cronbach's α 大于 0.8，介于 0.709～0.945 之间。同时，各变量的组合信度均在 0.8 以上，介于 0.838～0.965 之间，远大于最低标准值 0.6，表明整个量表设计具有较好的信度，符合运算要求。

表 6-4　量表信度和效度分析结果

潜变量	测量变量	Cronbach's α 系数	因子负荷	组合信度	平均方差抽取量
经济维度-事后有用性	$ECOU_1$		0.816		
	$ECOU_2$	0.776	0.843	0.870	0.691
	$ECOU_3$		0.834		
环境维度-事后有用性	$ENVU_1$		0.845		
	$ENVU_2$	0.826	0.878	0.896	0.742
	$ENVU_3$		0.860		
经济维度-期望确认	$ECOD_1$		0.873		
	$ECOD_2$	0.805	0.843	0.885	0.719
	$ECOD_3$		0.828		
环境维度-期望确认	$ENVD_1$		0.842		
	$ENVD_2$	0.835	0.896	0.901	0.752
	$ENVD_3$		0.863		
满意度	SAT_1		0.957		
	SAT_2	0.945	0.964	0.965	0.901
	SAT_3		0.926		
自我效能	SE_1		0.849		
	SE_2	0.767	0.903	0.867	0.686
	SE_3		0.723		
持续采用意愿	CI_1		0.922		
	CI_2	0.903	0.895	0.939	0.837
	CI_3		0.928		
便利条件	FAC_1		0.802		
	FAC_2	0.709	0.829	0.838	0.633
	FAC_3		0.753		
持续采用行为	CB_1		0.940		
	CB_2	0.800	0.923	0.886	0.725
	CB_3		0.663		

效度检验（Validity Analysis），一般分为内容效度检验和建构效度检验（王欢 等，2019）。其中，内容效度检验主要考察量表设计中内容是否有效，由于农户测土配方施肥技术持续采用模型是基于 Bhattacherjee 等（2008）所提出的扩展的持续使用模型，并结合相关研究进行最终构建，在一定程度上保障了量表内容的有效性。建构效度检验，可以进一步分为收敛效度检验和区分效度检验，为此本书采用平均方差抽取量（AVE 值）和平均方差抽取量的平方根分别检验。表 6-4 的结果显示，各潜变量的平均方差抽取量均大于 0.6，介于 0.633～0.901 之间，满足 $AVE \geqslant 0.5$ 的基本要求，即量表的收敛效度较好；表 6-5 的结果显示，各潜变量的平均方差抽取量的平方根介于 0.796～0.949 之间，相关系数介于 0.159～0.787 之间，满足 $\sqrt{AVE}$ 大于相关系数的基本要求，即量表的区别效度较好。总之，量表具有较高的效度，适合进一步分析。

表 6-5　潜变量区别效度检验结果

潜变量	ECOU	ENVU	ECOD	ENVD	SAT	SE	CI	FAC	CB
ECOU	**0.831**	—	—	—	—	—	—	—	—
ENVU	0.421	**0.861**	—	—	—	—	—	—	—
ECOD	0.737	0.570	**0.848**	—	—	—	—	—	—
ENVD	0.534	0.787	0.724	**0.867**	—	—	—	—	—
SAT	0.476	0.385	0.645	0.489	**0.949**	—	—	—	—
SE	0.518	0.218	0.382	0.277	0.246	**0.828**	—	—	—
CI	0.660	0.292	0.624	0.424	0.729	0.450	**0.915**	—	—
FAC	0.379	0.159	0.279	0.202	0.180	0.731	0.329	**0.796**	—
CB	0.532	0.233	0.478	0.329	0.513	0.509	0.517	0.730	**0.851**

注：对角线上数字（加粗）表示各潜变量平均方差抽取量的平方根，其余数字表示各潜变量之间的相关系数。

（二）模型适配度检验

在对量表信度和效度内容通过检验的基础上，利用极大似然法（ML）对结构方程模型进行拟合，并结合 MI 值（Modification Indices）和理论基础对初始模型进行修正，以期获得最适配的修正模型。在模型适配度检验方面，本书借鉴 Marsh 等（2005）、温忠麟 等（2004）、贺爱忠 等（2011）已有研究，从绝对拟合、增值适配度、简约适配度三个维度选取了 χ^2/DF、RMSEA、GFI、CFI、IFI、PNFI 等指标。结果显示（表 6-6），RMSEA 值作为最重要的适配指标信息（吴明隆，2010），当其小于 0.08 时，表示模型良好，具有合理适配，本书

RMSEA 值为 0.074。同时，除 GFI、AGFI、NFI 达到可接受水平，其余指标均为理想。总之，这一适配度检验结果在结构方程模型中是可以接受的（Zhang et al.，2014），表明问卷数据与理论模型拟合程度较好，可利用持续使用模型对农户测土配方施肥技术持续采用行为的发生机理作出解释和分析。

表 6 - 6　结构方程模型拟合指数

拟合指标	评价指数	适配标准或临界值	修正后指标值	适配判断
绝对拟合指标	χ^2/DF	$1<\chi^2/DF<3$	2.797	理想
	RMSEA	<0.08	0.074	理想
	GFI	>0.9（>0.8 可接受）	0.846	可接受
	AGFI	>0.9（>0.8 可接受）	0.811	可接受
增值适配度指标	CFI	>0.9	0.919	理想
	IFI	>0.9	0.908	理想
	NFI	>0.9（>0.8 可接受）	0.880	可接受
	TLI	>0.9	0.919	理想
简约适配度指标	PNFI	>0.5	0.774	理想
	PCFI	>0.5	0.809	理想
	PGFI	>0.5	0.691	理想

（三）假说验证与讨论

基于 SPSS 19.0 和 Amos 22.0，利用极大似然估计，结构方程模型的结果如表 6 - 7 所示。总的来看，除了假说 H_{3b} 未通过显著性检验，其余路径均通过了 1‰ 水平下的显著性检验，与理论预期基本一致。

第一，无论是经济维度还是环境维度，期望确认对事后感知有用性影响均显著，标准化路径系数分别是 0.739 和 0.800，临界比值分别为 15.271 和 18.184，假说 H_{1a}、H_{1b} 均得到验证，说明农户在采用测土配方施肥技术之后，对该技术在提高粮食单产、节约生产资料投入、改善土壤质量、保护生物多样性等经济维度、环境维度的期望确认水平越高，其对测土配方施肥技术的事后有用性感知也越强。可能的原因是，农户将测土配方施肥技术实际应用于农业生产，在这一过程中农户对该技术在各方面的效果形成一个客观的判断和评价，同时也加深了对该技术的了解程度，进而在初次采用后对测土配方施肥技术进行重新评价，从而更加准确、客观，形成更加正面的评价，即事后感知有用性越强。

第二，无论是在经济维度还是在环境维度，期望确认对满意度的影响均显著，标准化路径系数分别是 0.572 和 0.176，临界比值分别是 10.403 和 3.763，均通过了 1‰水平下的显著性检验，假说 H_{2a}、H_{2b} 均得到验证，说明农户在采用测土配方施肥技术之后，对该技术在经济维度、环境维度上的期望确认水平越高，对测土配方施肥技术的满意度也越高。正如前文分析所述，当农户对测土配方施肥技术的主观期望，包括在经济维度的提高单产、减少要素投入、节省劳动力，以及环境维度的改善土壤质量、缓解水污染、保护生态多样性等，在实际采用过程中均得到了满足和实现后，自然也就会表现出一种满意的状态。

第三，经济维度的事后感知有用性对农户测土配方施肥技术持续采用意愿影响的标准化路径系数为 0.374，临界比值为 5.201，同样通过了 1‰水平下的显著性检验，表明农户对测土配方施肥技术经济维度的事后感知有用性越强，其持续采用测土配方施肥技术的意愿也越强。这不难理解，农户作为一个理性经济人，采纳一项技术或进行一项决策，均是基于利润最大化的目标进行衡量和判断的，测土配方施肥技术的持续采用行为同样如此。在农户采用过测土配方施肥技术之后，对该技术形成的有用性评价或认知会更为客观、准确，若农户认为通过持续采用该项技术，可以为农业生产带来利润的提升，具体则可表现为单产的提高、成本投入的减少等，此时农户会毫不犹豫地选择持续采用测土配方施肥技术。需要特别指出的是，环境维度的事后感知有用性对农户测土配方施肥技术持续采用意愿的路径系数并未通过显著性检验，可能的原因是，尽管采用测土配方施肥技术确实可以带来生态环境保护方面的一些作用，但相较经济维度的技术效果，环境维度的技术效果不易观察且所需周期较长，这易导致农户对该技术在改善土壤质量、缓解水体污染等方面效果的低估。调研数据统计结果也显示，农户对经济维度的事后感知有用性的三个题目的选项均值分别为 3.836、3.465、3.499，而在环境维度的事后感知有用性三个题目的选项均值分别为 3.450、3.243、3.116，技术效果的低估，必然会影响到农户持续采用意愿的形成。

第四，满意度对农户测土配方施肥技术持续采用意愿影响的标准化路径系数为 0.514，临界比值为 7.391，通过了 1‰水平下的显著性检验，假说 H_4 得到验证，说明农户对测土配方施肥技术的满意度越高，其持续采用意愿也就越高。可能的原因是，满意度，作为个体通过对一项技术或产品的感知效果与期望值相比较后，所形成的一种愉悦或失落的心理状态（Kotler et al.，2001）。当农户在采用测土配方施肥技术之后表现为满意时，表明该技术的应用可以为农户带来一定收益或福利，对农户而言采用测土配方施肥技术是一项"利己"行为，农户自然愿意持续采用测土配方施肥技术，来实现个人利益最大化。

第五，自我效能对持续采用意愿、便利条件影响的标准化路径系数分别为 0.176、0.704，临界比值分别为 4.207、8.470，均通过了 1‰ 水平下的显著性检验，假说 H_5、H_6 得到验证，表明自我效能水平越高，农户持续采用测土配方施肥技术的意愿越强烈、在测土配方施肥技术采用过程中所能获得的便利条件越好。自我效能反映的是农户对测土配方施肥技术应用于农业生产，实现增产增收和生态环境保护所需个人能力的确信程度，当农户认为其具有丰富的种植经验，可以有效处理测土配方施肥技术应用过程中可能出现的各种问题时，农户也就会有更高的持续采用意愿。相较传统施肥技术，测土配方施肥技术在节本增效、环境保护方面的优势显著（张福锁，2006），当农户具备一定实力和能力时，自然愿意采用。另一方面，自我效能对农户便利条件获取的影响，主要原因在于自我效能强调的是农户在技术应用过程中源自内心的掌控能力，而便利条件反映的是农户可以获得的外部资源，个人能力必然会影响到外部资源的获取，即自我效能会对便利条件产生显著正向影响。

第六，持续采用意愿对农户持续采用行为影响的标准化路径系数为 0.657，临界比值为 13.310，通过了 1‰ 水平下的显著性检验，假说 H_7 得到验证，表明农户测土配方施肥技术持续采用意愿越强，其发生持续采用行为的概率也就越高，再一次验证了意愿是行为最为重要的预测因子。这不难理解，意愿是行为的先导，在多个被学界广泛运用的理论模型中也多次得到反映。当农户形成测土配方施肥技术持续采用意愿时，必然是经过多方面的比较和考虑，认为若如此进行可以获得正向收益或一定回报，才形成最终的行为意向，而为实现持续采用意愿的预期结果，必然需要将行为意向转化为实际行动。因此，当存在持续采用意愿时，农户更有可能会持续采用测土配方施肥技术。

第七，便利条件对农户持续采用行为影响的标准化路径系数为 0.320，临界比值为 6.073，通过 1‰ 水平下的显著性检验，假说 H_8 得到验证，表明农户在测土配方施肥技术应用过程中，越易获得生产要素、技术指导等便利条件，其表现出持续采用行为的可能性越高。可能的原因是，持续采用行为的最终形成需要一定的外部条件支撑，缺乏必要的物质基础必然会导致技术应用过程困难重重，进而阻碍农户测土配方施肥技术持续采用行为的形成。最为直观的情况是，当农户无法便捷地购买到配方肥，缺少技术开展所必需的生产要素，其自然无法有效地将测土配方施肥技术运用于实际生产，持续采用行为也将不复存在。这也说明，农业新技术的推广过程，需要给予农民相应的配套设施和物质条件，否则农业新技术将始终难以落地。

表 6-7   模型路径系数及假说检验结果

作用路径	标准化路径系数	标准差	临界比	假说	检验结果
经济维度期望确认→经济-事后感知有用性	0.739***	0.039	15.271	H1a	支持
环境维度期望确认→生态-事后感知有用性	0.800***	0.046	18.184	H1b	支持
经济维度期望确认→满意度	0.572***	0.049	10.403	H2a	支持
环境维度期望确认→满意度	0.176***	0.051	3.763	H2b	支持
经济维度事后感知有用性→持续采用意愿	0.374***	0.085	5.201	H3a	支持
环境维度事后感知有用性→持续采用意愿	−0.083	0.050	−1.838	H3b	不支持
满意度→持续采用意愿	0.514***	0.073	7.391	H4	支持
自我效能→持续采用意愿	0.176***	0.049	4.207	H5	支持
自我效能→便利条件	0.704***	0.068	8.470	H6	支持
持续采用意愿→持续采用行为	0.657***	0.061	13.310	H7	支持
便利条件→持续采用行为	0.320***	0.093	6.073	H8	支持

注：***表示路径系数在1%置信水平下显著。

为更直观地了解各潜变量对农户测土配方施肥技术持续采用行为的影响程度，对各变量影响的直接效应、间接效应以及总效应进行了测算，结果如表 6-8 所示。从总效应来看，持续采用意愿对农户测土配方施肥技术持续采用行为的影响最大，总效应值为 0.657；其次是经济维度的期望确认，总效应值为 0.375；满意度、自我效能、便利条件的总效应值也均达到 0.3 以上，具有较为显著的影响效应。从直接效应和间接效应来看，持续采用意愿是直接形成农户测土配方施肥技术持续采用行为最重要的因素；而经济维度的期望确认同样是间接形成农户测土配方施肥技术持续采用行为最重要的因素。需要说明的是，环境维度的期望确认对农户持续采用行为的影响相对较小，总效应值仅为 0.016，且环境维度的事后感知有用性甚至表现出负的影响效应，结合前文生态维度的事后感知有用性对持续采用意愿的标准化路径系数不显著，可能的原因是，一方面采用测土配方施肥技术在生态环境保护方面的作用体现需要一定时间，且农户缺乏相关知识和辨别能力，导致生态维度的感知有用性未能发挥作用；另一方面，在当前的市场经济环境下，农户依然追求利润最大化，技术采用行为决策时重点考虑绿色生产技术的经济效应，即使可能意识到测土配方施肥技术在环境保护方面的优势，依旧不愿持续采用。

表6-8　各潜变量对农户测土配方施肥技术持续采用行为的影响效应

作用路径	直接效应	间接效应	总效应
经济维度事后感知有用性→持续采用行为	—	0.246	0.246
环境维度事后感知有用性→持续采用行为	—	−0.054	−0.054
经济维度期望确认→持续采用行为	—	0.375	0.375
环境维度期望确认→持续采用行为	—	0.016	0.016
满意度→持续采用行为	—	0.338	0.338
自我效能→持续采用行为	—	0.341	0.341
便利条件→持续采用行为	0.320	—	0.320
持续采用意愿→持续采用行为	0.657	—	0.657

四、不同群组技术持续采用行为影响的异质性分析

（一）样本分组与模型适配性检验

前文基于调整后的技术持续采用模型，对农户测土配方施肥技术持续采用行为进行了估计与分析，证实了农户测土配方施肥技术持续采用行为会受到持续采用意愿、经济维度的期望确认、自我效能、便利条件等潜变量的影响。那么，农户作为一个具有较大异质性的群体（何安华 等，2014；程名望 等，2016），不同资源禀赋的农户在测土配方施肥技术持续采用行为决策时所受到的影响因素是否一致？影响程度是否存在显著差异？为此，本书利用多群组结构方程模型，从农户资源禀赋角度出发，探讨不同群组农户测土配方施肥技术持续采用行为的影响因素。借鉴已有文献（董莹，穆月英，2019；王欢 等，2019），本书以户主年龄、户主文化水平、耕地质量以及技术培训4个指标作为调节变量，进行样本分组。其中，按户主年龄是否大于60周岁，划分为老龄组（≥60周岁）和非老龄组（<60周岁）；按户主文化水平（受教育年限）是否大于9年，划分为高学历组（≥9年）和低学历组（<9年）；按耕地质量的好坏划分为贫瘠组和肥沃组；按是否参加测土配方施肥技术培训划分为培训组和未培训组。

考虑到在多群组结构方程模型的运算过程中，可以对测量系数、结构系数、结构协方差、结构残差以及测量残差共5个参数进行设定和限制，在基线模型基础上每增加一个限定条件，便形成一个新的限制参数模型，因此本书对6个模型进行运算和拟合，以参数未进行任何限制的模型拟合效果最好。具体模型拟合指数如表6-9所示。从关键评价指数来看，多群组结构方程模型的卡方

自由度比（χ^2/DF）介于 1.958～2.114，渐进残差均方和平方根（RMSEA）介于 0.054～0.058，均满足相应适配标准。此外，比较适配指数（CFI）、增值适配指数（IFI）、简约适配度指数（PGFI）、简约调整后的规准适配指数（PNFI）等均满足相应适配标准，尽管适配度指数（GFI）、调整后适配度指数（AGFI）仅接近于可接受（>0.8）范围，但这一适配度检验结果在结构方程模型中是可以接受的（Zhang et al.，2014），适合进行下一步分析与讨论。

表 6-9　多群组结构方程模型拟合指数

拟合指标	评价指数	适配标准或临界值	样本分组依据			
			户主年龄	文化水平	耕地质量	技术培训
绝对拟合指标	χ^2/DF	$1<\chi^2/DF<3$	1.958	2.114	1.961	2.041
	RMSEA	<0.08	0.054	0.058	0.054	0.056
	GFI	>0.9	0.796	0.791	0.801	0.792
	AGFI	>0.9	0.752	0.747	0.759	0.748
增值适配度指标	CFI	>0.9	0.913	0.900	0.913	0.904
	IFI	>0.9	0.914	0.901	0.914	0.905
	NFI	>0.9（>0.8可接受）	0.839	0.827	0.839	0.830
	TLI	>0.9	0.903	0.887	0.902	0.892
简约适配度指标	PNFI	>0.5	0.746	0.735	0.746	0.738
	PCFI	>0.5	0.812	0.800	0.812	0.804
	PGFI	>0.5	0.657	0.653	0.661	0.654

（二）实证结果与讨论

1. 多群组结构方程模型：以户主年龄划分

以户主年龄为分类变量进行的多群组结构方程模型检验结果如表 6-10 所示。环境维度的事后感知有用性对持续采用意愿、自我效能对持续采用意愿、便利条件对持续采用行为三条路径的临界比值分别为 -2.691、2.080、-3.383,分别通过 1%、5%、1% 水平下的显著性检验，表明三条路径的作用大小受户主年龄高低的影响。

表 6-10　多群组结构方程模型检验结果：以户主年龄划分

假说	路径	户主年龄		
		非老龄组	老龄组	临界比值
H_{1a}	经济-期望确认→ 经济-事后感知有用性	0.784***	0.666***	0.050

（续）

假说	路径	户主年龄		
		非老龄组	老龄组	临界比值
H_{1b}	环境-期望确认 → 生态-事后感知有用性	0.871***	0.691***	1.389
H_{2a}	经济-期望确认 → 满意度	0.567***	0.605***	1.349
H_{2b}	环境-期望确认 → 满意度	0.194***	0.112	−0.602
H_{3a}	经济-事后感知有用性 → 持续采用意愿	0.374***	0.374***	0.248
H_{3b}	环境-事后感知有用性 → 持续采用意愿	0.013	−0.217***	−2.691***
H_4	满意度 → 持续采用意愿	0.479***	0.574***	0.925
H_5	自我效能 → 持续采用意愿	0.115***	0.249***	2.080**
H_6	自我效能 → 便利条件	0.642***	0.788***	0.608
H_7	持续采用意愿 → 持续采用行为	0.584***	0.800***	1.170
H_8	便利条件 → 持续采用行为	0.459***	0.072	−3.383***

注：***表示标准化路径系数在1%置信水平下显著。临界比值为同一路径的标准化参数间差异的检验值，当临界比值的绝对值大于1.65、1.96、2.58时，参数间差异性分别在10%、5%、1%水平上通过显著性检验，表明同一路径的标准化参数间在不同群组中存在显著差异。

具体来看，"环境维度事后感知有用性→持续采用意愿"路径在老龄组的系数为−0.217，且通过显著性检验，但在非老龄组路径系数不显著，表明老龄组农户对测土配方施肥技术在环境效益方面的感知有用性越强，其持续采用意愿越低。可能的原因是，对于老龄组农户而言，尽管在初次采用测土配方施肥技术之后，会认识到该技术在改善土壤质量、缓解水体污染等农业生态环境保护方面的作用，但由于年龄较大带来人力资本的弱化，包括劳动力约束、新事物接受能力较差等（Al-Marshudi，Kotagama，2006；何凌霄 等，2016），对农业生产的要求和目标有所降低，缺乏采用测土配方施肥技术等绿色生产新技术的积极性，进而未能表现出较高的持续采用意愿，而对于初次采用行为可能更多是在地方推广之初提供多种优惠政策条件下的结果。

"自我效能→持续采用意愿"路径在老龄组的系数（0.249）和非老龄组的系数（0.115）均通过显著性检验，但前者系数更大，说明相较非老龄组，老龄组农户自我效能越良好，其持续采用测土配方施肥技术的意愿越高。可能的原因是，年龄较大的农户，在种植经验上相对较为丰富，并且对个人的种植能力和种植水平较为自信，认为可以有效应对测土配方施肥技术运用过程中出现的各种不确定问题（李卫 等，2017）。测土配方施肥技术作为科学施肥技术，在初次采用之后，老龄组农户认为其已具备相应能力将该技术有效运用于实际农业生产，自然会表现出更高的持续采用意愿。

"便利条件→持续采用行为"路径在非老龄组的标准化系数为 0.459，通过 1% 水平的显著性检验，但老龄组不显著，表明非老龄组农户在测土配方施肥技术应用过程中，越易获得便利条件，其表现出持续采用行为的概率越大。主要原因在于，实现测土配方施肥技术的持续采用行为，老龄组和非老龄组均需要一定的外部条件支持，但非老龄组对新事物接受能力强、善于利用多种途径满足测土配方施肥技术实施的外在条件要求，进而在获取便利条件支持时会表现出持续采用行为，而老龄组农户缺乏足够的改变传统农业生产的动机，且在获取外部条件支持上存在一定困难，从而对持续采用行为的影响不显著。

2. 多群组结构方程模型：以户主文化水平划分

以户主文化水平为分类变量进行的多群组结构方程模型检验结果如表 6-11 所示。经济维度期望确认对经济维度事后感知有用性、环境维度期望确认对环境维度事后感知有用性、经济维度期望确认对满意度、经济维度事后感知有用性对持续采用意愿以及环境维度事后感知有用性对持续采用意愿 5 条路径的临界比值分别为 -2.120、-1.752、-2.088、-1.909 和 2.758，分别通过 5%、10%、5%、10%、1% 水平下的显著性检验，表明 5 条路径的作用大小受户主文化水平高低的影响。

表 6-11　多群组结构方程模型检验结果：以户主文化水平划分

假说	路径	低水平组	高水平组	临界比值
H_{1a}	经济-期望确认→经济-事后感知有用性	0.746***	0.709***	-2.120**
H_{1b}	环境-期望确认→环境-事后感知有用性	0.791***	0.849***	-1.752*
H_{2a}	经济-期望确认→满意度	0.593***	0.465***	-2.088**
H_{2b}	环境-期望确认→满意度	0.169***	0.242**	0.246
H_{3a}	经济-事后感知有用性→持续采用意愿	0.419***	0.189	-1.909*
H_{3b}	环境-事后感知有用性→持续采用意愿	-0.124**	0.191	2.758***
H_4	满意度→持续采用意愿	0.480***	0.555***	-0.053
H_5	自我效能→持续采用意愿	0.161***	0.194**	0.035
H_6	自我效能→便利条件	0.702***	0.625***	-0.744
H_7	持续采用意愿→持续采用行为	0.659***	0.653***	-0.087
H_8	便利条件→持续采用行为	0.307***	0.380***	0.394

注：***、**、* 分别表示标准化路径系数在 1%、5%、10% 置信水平下显著。临界比值为同一路径的标准化参数间差异的检验值，当临界比值的绝对值大于 1.65、1.96、2.58 时，参数间差异性分别在 10%、5%、1% 水平上通过显著性检验，表明同一路径的标准化参数间在不同群组中存在显著差异。

具体来看，"经济维度期望确认→经济维度事后感知有用性"路径在低水平组的系数（0.746）和高水平组的系数（0.709）均通过 1% 水平下的显著性检验，但前者系数比后者大，与此呈现相同特征的是"经济维度期望确认→满意度"路径，说明相较高文化水平组农户，低水平文化组农户对测土配方施肥技术经济维度的期望确认对事后感知有用性和满意度的影响更大。可能的原因是，低文化水平组农户对农业新技术的认识和了解能力有限（常向阳，韩园园，2014），造成其对测土配方施肥技术在提高单产、减少要素投入等方面的期望值相对偏低，进而易于达到较高的期望确认水平，而一旦技术效果得到较高程度的满足，农户便会表现出较为正面的评价和产生积极的情感，即对该技术的感知有用性越强、满意度越高。

"环境维度期望确认→环境维度事后感知有用性"路径在低水平组的系数（0.791）和高水平组的系数（0.849）均通过 1% 水平下的显著性检验，后者系数比前者大，表明相较低文化水平组农户，高文化水平组农户在测土配方施肥技术环境维度的期望确认对感知有用性的影响更大。这可能是因为，高文化水平农户知识面更广，运用知识解决问题和观察社会的能力更强（王钊 等，2015），易于发现应用测土配方施肥技术后在生态环境保护方面所起到的作用，进而对测土配方施肥技术在生态环境保护方面的有用性越认同，即事后感知有用性越高。

"经济维度事后感知有用性→持续采用意愿"路径在低水平组的标准化系数为 0.419，通过了 1% 水平的显著性检验，但在高水平组未通过显著性检验，表明低文化水平组农户对测土配方施肥技术在经济维度的有用性感知越强烈，其持续采用意愿越高。可能的原因是，低文化水平农户在实际生产过程中更关注测土配方施肥技术是否有用，即是否可以为其带来经济收益，因此感知有用性对持续采用意愿表现出显著的正向影响；而对于高文化水平组农户而言，其在关注技术有用性的同时，会兼顾资源禀赋、技术适用性等方面内容，从而导致高文化水平组农户的感知有用性对持续采用意愿的影响不显著。

"环境维度事后感知有用性→持续采用意愿"路径在低水平组的系数为 −0.124，通过了 5% 水平下的显著性检验，虽然高水平组的系数为正，但不显著，说明低文化水平组农户对测土配方施肥技术在环境维度的有用性感知越强烈，其持续采用意愿反而越低，但高文化水平组的感知有用性的影响不显著。这与传统认识存在差异，一般而言，有用性感知越强烈，农户持续采用意愿也应越强。可能的解释是，低文化水平农户缺乏对测土配方施肥技术的准确认识，或陷入一种认识误区，即认为该技术因其具有保护生态环境的作用，政府部门才进行大力推广，忽视或弱化了经济方面的效果。前文分析得出，低文化水平农户尤为关注测土配方施肥技术的经济效果,进而在感知有用性与持续采用意愿之间表现出负向影响。

3. 多群组结构方程模型:以耕地质量划分

以耕地质量为分类变量进行的多群组结构方程模型检验结果如表6-12所示。环境维度期望确认对环境维度事后感知有用性、环境维度期望确认对满意度、环境维度事后感知有用性对持续采用意愿以及便利条件对持续采用行为四条路径的临界比值分别为-1.770、2.039、2.208、-1.807,分别通过了10%、5%、5%、10%水平下的显著性检验,表明上述四条路径的作用大小受耕地质量高低的影响。

表6-12 多群组结构方程模型检验结果:以耕地质量划分

假说	路径	耕地质量		
		贫瘠组	肥沃组	临界比值
H_{1a}	经济-期望确认 → 经济-事后感知有用性	0.712***	0.776***	-0.320
H_{1b}	环境-期望确认 → 环境-事后感知有用性	0.777***	0.833***	-1.770*
H_{2a}	经济-期望确认 → 满意度	0.662***	0.519***	-1.121
H_{2b}	环境-期望确认 → 满意度	0.045	0.264***	2.039**
H_{3a}	经济-事后感知有用性 → 持续采用意愿	0.368***	0.412***	0.398
H_{3b}	环境-事后感知有用性 → 持续采用意愿	-0.157***	0.042	2.208**
H_4	满意度 → 持续采用意愿	0.531***	0.428***	-1.208
H_5	自我效能 → 持续采用意愿	0.182***	0.224***	-0.270
H_6	自我效能 → 便利条件	0.485***	0.923***	1.013
H_7	持续采用意愿 → 持续采用行为	0.657***	0.663***	-0.138
H_8	便利条件 → 持续采用行为	0.419***	0.216***	-1.807*

注:***、**、*分别表示标准化路径系数在1%、5%、10%置信水平下显著。临界比值为同一路径的标准化参数间差异的检验值,当临界比值的绝对值大于1.65、1.96、2.58时,参数间差异性分别在10%、5%、1%水平上通过显著性检验,表明同一路径的标准化参数间在不同群组中存在显著差异。

具体来看,"环境维度期望确认→环境维度事后感知有用性"路径在贫瘠组的系数(0.777)和肥沃组的系数(0.833)均通过1%水平下的显著性检验,但后者系数比前者大,表明相较贫瘠组农户,肥沃组农户的期望确认对感知有用性的影响更大。与此路径表现出相似结果的是,"环境维度期望确认→满意度"的路径在肥沃组显著,但在贫瘠组不显著。可能的解释是,测土配方施肥技术在改善土壤质量、保护生物多样性等生态方面的作用,需要一段时间才能有所体现。对于耕地质量较差的农户而言,在初次采用该技术之后土壤质量依然不佳，便错误认为技术效果未达预期，即出现较低的期望确认水平，从而会弱化贫瘠组农户期望确认对感知有用性的影响，甚至出现对满意度的影响不显著。

"环境维度事后感知有用性→持续采用意愿"路径在贫瘠组的系数为-0.157，通过了1%水平下的显著性检验，在肥沃组该变量的系数虽为正数，但却未通过显著性检验，表明耕地质量较差的农户的感知有用性对测土配方施肥技术持续采用意愿的影响显著，而耕地质量较好的农户的感知有用性的影响不显著。对于这一结果，可能的原因是，对于耕地较为贫瘠的农户而言，在采用测土配方施肥技术之后，对改善土壤质量的效果有限，难以满足农户对提高耕地质量的要求，即使认识到测土配方施肥技术具有一定效果，但出于产量目标考虑，仍会选择传统的大量、过量施肥方式，即表现出较低的测土配方施肥技术持续采用意愿。

"便利条件→持续采用行为"路径在贫瘠组的系数（0.419）和在肥沃组的系数（0.216）均通过了1%水平下的显著性检验，但前者系数更大，表明相较肥沃组农户，当土壤质量相对较差时，便利条件对持续采用行为的影响更大。这不难理解，耕地质量较差会影响到水稻的种植和产出，对此农户会通过利用多种方式，例如采用科学施肥技术、改善生产管理方式等，来确保正常的农业产出。因此，在测土配方施肥技术持续采用行为决策时，农户具有便利的外部条件，其会表现出更高的行为倾向和实际行动，来真正实现农业增产增收的目标。

4. 多群组结构方程模型：以是否参与技术培训划分

以是否参与技术培训为分类变量进行的多群组结构方程模型检验结果如表6-13所示。经济维度期望确认对经济维度事后感知有用性、环境维度期望确认对环境维度事后感知有用性以及经济维度期望确认对满意度三条路径的临界比值分别为-1.889、2.218、-1.999，分别通过了10%、5%、5%水平下的显著性检验，表明上述三条路径的作用大小受是否参与技术培训的影响。

具体来看，在经济维度，期望确认对感知有用性、对满意度的路径系数均呈现出未参与组大于参与组的特征，且均通过1%水平下的显著性检验，说明相较参与组，未参与技术培训组农户的期望确认水平对测土配方施肥技术感知有用性、满意度的影响更大，而参与过技术培训的农户期望确认的影响相对较小。可能的原因是，参与过测土配方施肥技术培训的农户，对该技术在提高单产、降低生产要素投入等方面有较为清晰和准确的认识，进而导致其对该技术的初始预期值较高、期望确认水平有限，从而减弱了期望确认对事后感知有用性、满意度的影响。反观未参加过测土配方施肥技术培训的农户，因其仅通过简单宣传和介绍对该技术在经济维度的效果形成一个初步认识，预期值较低，在实际应用后即使表现出较低的技术效果，农户依旧可以形成较高的期望确认水平，从而表现出期望确认对事后感知有用性、满意度较大的影响。

在环境维度，期望确认对事后感知有用性的影响，与在经济维度表现出截然相反的特征。未参与组的系数为0.698，而参与组的系数为0.874，期望确认对事后感知有用性的影响在未参与组和参与组之间表现出显著差异，即参与技术培训后，农户在环境维度上的期望确认对事后感知有用性的影响更大。可能的原因是，有关测土配方施肥技术的培训，不仅仅会介绍讲解如何将测土配方施肥技术实际运用于农业生产，也会对该技术的优势和特点进行说明，从而吸引农户积极采纳。为此，当农户参加过相关技术培训，易于观察到该技术在应用过程中所展现出的生态效果，形成较高的期望确认水平，从而对测土配方施肥技术在生态保护方面的效果更佳认可，即有用性感知较为强烈。

表6-13　多群组结构方程模型检验结果：以是否参与技术培训划分

假说	路径	技术培训参与		
		未参与组	参与组	临界比值
H_{1a}	经济-期望确认→经济-事后感知有用性	0.736***	0.729***	−1.889*
H_{1b}	环境-期望确认→环境-事后感知有用性	0.698***	0.874***	2.218**
H_{2a}	经济-期望确认→满意度	0.601***	0.449***	−1.999**
H_{2b}	环境-期望确认→满意度	0.232***	0.184***	−1.314
H_{3a}	经济-事后感知有用性→持续采用意愿	0.407***	0.357***	0.307
H_{3b}	环境-事后感知有用性→持续采用意愿	−0.147**	−0.044	1.396
H_4	满意度→持续采用意愿	0.561***	0.465***	−0.331
H_5	自我效能→持续采用意愿	0.159***	0.186***	0.015
H_6	自我效能→便利条件	0.657***	0.710***	−0.388
H_7	持续采用意愿→持续采用行为	0.630***	0.677***	0.921
H_8	便利条件→持续采用行为	0.385***	0.247***	−1.000

注：***、**、*分别表示标准化路径系数在1%、5%、10%置信水平下显著。临界比值为同一路径的标准化参数间差异的检验值，当临界比值的绝对值大于1.65、1.96、2.58时，参数间差异性分别在10%、5%、1%水平上通过显著性检验，表明同一路径的标准化参数间在不同群组中存在显著差异。

五、本章小结

本章重点探讨了期望确认对农户测土配方施肥技术持续采用行为的影响。首先，构建了农户测土配方施肥技术持续采用模型，从理论层面分析了期望确认、事后感知有用性、满意度、自我效能等变量对农户技术持续采用行为的影响。其次，基于微观调研数据，从经济维度和环境维度两个方面，对期望确认与农户持续采用行为之间的相关性进行了检验。最后，利用结构方程模型，对农户测土配方施肥技术持续采用模型进行了检验，并以农户资源禀赋特征作为调节变量进行了调节效应检验。主要结论如下：

（1）基于 329 份微观数据，统计分析结果显示，一方面，相较环境维度的期望确认水平，农户对测土配方施肥技术经济维度的期望确认水平相对较高。另一方面，仅有提高粮食单产、节省劳动力以及保护生物多样性三个变量的期望确认与农户测土配方施肥技术持续采用行为的 Pearson 检验 χ^2 值通过显著性检验，且结合样本分布情况可知两者之间存在正相关关系。

（2）在进行结构方程模型检验之前，进行了信度检验和效度检验，结果均符合基本模型运算要求，且结构方程模型适配度检验的各项指标，均达到理想或可接受水平，表明理论模型适用于农户测土配方施肥技术持续采用行为。模型检验结果显示，农户测土配方施肥技术持续采用行为会受到便利条件、持续采用意愿的直接影响，影响效应分别为 0.320、0.657，同时会受到经济维度期望确认、环境维度期望确认、经济维度事后感知有用性、满意度、自我效能等潜变量的间接影响，影响效应分别为 0.375、0.016、0.246、0.338、0.341。

（3）不同群组中受调节变量影响的路径存在差异。具体表现为：①环境维度事后感知有用性对持续采用意愿、自我效能对持续采用意愿、便利条件对持续采用行为 3 条路径的作用大小受户主年龄高低的影响。②经济维度期望确认对经济维度事后感知有用性、环境维度期望确认对环境维度事后感知有用性、经济维度期望确认对满意度、经济维度事后感知有用性对持续采用意愿以及环境维度事后感知有用性对持续采用意愿 5 条路径的作用大小受户主文化水平高低的影响。③环境维度期望确认对环境维度事后感知有用性、环境维度期望确认对满意度、环境维度事后感知有用性对持续采用意愿以及便利条件对持续采用行为 4 条路径的作用大小受耕地质量高低的影响。④经济维度期望确认对经济维度事后感知有用性、环境维度期望确认对环境维度事后感知有用性以及经济维度期望确认对满意度 3 条路径的作用大小受是否参与技术培训的影响。

第七章 农户测土配方施肥技术期望确认影响因素分析

根据上一章分析可知，期望确认是影响农户测土配方施肥技术持续采用行为的关键因素。促进农户持续采用绿色生产技术，是实现我国农业可持续发展和绿色转型的内在要求，而提高农户对测土配方施肥技术期望确认水平，是促进农户绿色生产技术持续采用的重要实现路径。在现实农业技术推广过程中，农户与农技部门、肥料企业之间不可避免地存在信息不对称问题，而这不仅会影响农户对测土配方施肥技术形成合理的期望水平，也会影响农户测土配方施肥技术应用效果的发挥，进而最终导致农户对测土配方施肥技术的期望难以实现。为此，本章基于信息不对称理论，探讨农技推广服务质量、科学施肥认知对农户测土配方施肥技术期望确认的影响，为政府部门制定相关政策和措施提供经验指导。

一、理论分析与研究假说

信息不对称理论认为，在市场经济活动中各参与主体所掌握的信息是有差异的，由于信息获取渠道的差异以及信息量的多寡，不同参与主体所面临的风险和收益也存在差异。尽管农技推广具有较强的公益性质，但在推广过程中，信息不对称现象依然普遍存在，主要原因在于：一方面，由于现行农技推广机制受限于人力、物力和财力，农技推广往往以种植大户、家庭农场等新型农业经营主体为重点对象，而当前我国农业经营仍以小农户为主，因此大多数农户仍无法有效、及时获得最新农业技术信息；另一方面，农户素质参差不齐，在农技推广信息的获取渠道、理解和利用能力等方面存在较大差异，从而导致不同农户面临不同程度的信息不对称问题。

测土配方施肥技术作为一项科学施肥技术，主要包括测土、配方、配肥、供应和施肥指导 5 个环节，所涉及主体众多，包括农技推广部门、土肥站、肥料生产企业、农资经销商等，农户与各主体之间的信息不对称问题尤为突出，由此可能对农户测土配方施肥技术期望确认造成不利影响，即无论是期望水平过高，还是技术效果不佳，均最终会表现为农户对测土配方施肥技术期望确认水平不高。为此，本章从农技推广服务质量、科学施肥理念两个方面探讨农户对测土配方施肥技术期望确认的作用机理，以期识别出导致农户期望没有得到实现的关键因素。

（一）农技推广服务质量对农户期望确认的影响

农业技术推广体系作为国家支持农业发展的重要政策工具，对我国农业发展起到了非常重要的作用。不少研究证实了农技推广服务对促进农户采纳绿色生产技术具有重要作用（应瑞瑶，朱勇，2015；佟大建 等，2018；Jacquet et al.，2011；Kassie et al.，2013），而农技推广服务质量则是从更深层次上影响着农户应用绿色生产技术时所能取得的效果（岳慧丽，2014）。以测土配方施肥技术为例，科学应用可以带来水稻单产的提高、肥料的高效利用以及土壤质量的改善等经济效益和环境效益，从而提升农户对测土配方施肥技术经济维度和环境维度的期望确认水平。具体而言，基于测土配方施肥技术推广的核心环节，农技推广服务质量主要通过三条路径发挥作用。

一是通过提高技术适用性，满足个性化需求。无论是及时公布测土结果，还是根据土壤供肥能力采取"大配方、小调整"的技术应用方式，均在一定程度上为提高测土配方施肥技术的适用性创造了条件。区域性进行配方调整，可以针对性制定水稻施肥方案，而测土结果的及时公布，可以缩小农户与农技部门之间的信息鸿沟，满足农户在测土配方施肥技术方面的个性化需求，从而有效发挥测土配方施肥技术的效果。

二是通过创造良好物资供应条件，确保农户正确应用。配方肥作为测土配方施肥技术最主要的物化形式，是科学施肥理念、施肥方案实际应用于农业生产的重要载体（陈明全 等，2014）。当地肥料市场的标准化建设和规范化程度，在很大程度上决定了农户选择和购买配方肥时所需的时间成本和信息搜寻成本，若购买和使用了劣质配方肥，势必会影响到测土配方施肥技术效果的发挥，以及农户对该技术的期望确认水平。相反，当农户可以有效购买到配方肥时，因生产要素的有效供给，实现了测土配方施肥技术理论知识向生产实践的转化，利于技术效果的发挥，从而对农户期望确认产生积极影响。

三是通过提高农技服务可得性，实现技术信息共享。施肥指导环节作为测土配方施肥技术推广工作中的重要一环，技术服务的有效供给对农户测土配方施肥技术应用以及技术效果发挥起着至关重要的作用。相较传统施肥模式，测土配方施肥技术代表的是一种全新、科学的施肥理念，在农户实际操作过程中难免会遇到土壤供肥能力如何、中微量元素肥如何搭配和施用等问题。当农户对相关农技服务可以方便地获取时，其更有可能正确应用测土配方施肥技术，从而确保发挥该技术的经济效益和环境效益。基于以上分析，提出以下研究假说。

H_1：农技推广服务质量越高，农户测土配方施肥技术期望确认水平也越高。

（二）科学施肥认知对农户期望确认的影响

认知行为理论指出，人的感受、思想和行为是相互关联、相互影响的。在测土配方施肥技术推广过程中，认知作为农户对测土配方施肥技术形成的最初印象，对技术采纳行为具有重要影响。不仅如此，认知也会对农户测土配方施肥技术效果发挥产生作用，尤其是科学施肥认知，不仅有助于农户对测土配方施肥技术形成客观、准确的认知，即合理的期望水平，也有助于农户正确应用测土配方施肥技术，按照相应技术要求进行水稻肥料管理。具体而言，科学施肥认知对农户期望确认的影响主要通过两条路径发挥作用：

一是通过对各营养元素作用的了解，实行科学施肥。测土配方施肥技术的核心内容在于合理搭配氮磷钾以及中微量元素肥的比例，改善重氮肥、轻钾肥，重大量元素肥、轻中微量元素肥的传统施肥理念，以达到精准施肥的目的。因此，当农户了解肥料包装上氮磷钾数字组合的含义，以及认识到水稻种植过程中施用锌、硼、锰等微量元素肥的必要性时，表明其已形成科学施肥认知，在实际应用测土配方施肥技术过程中取得良好的技术效果，进而更易于达到农户对测土配方施肥技术的期望水平。

二是通过提升农户肥料辨识能力，正确采用技术。事实上，农户的肥料辨识能力不仅会受到肥料市场标准化建设的影响，也会受其自身对测土配方施肥技术认知情况的影响。若农户能对配方肥和传统复合肥进行有效区分，在采用测土配方施肥技术时会购买合适的配方肥进行生产，即严格按照科学施肥方案进行，使测土配方施肥技术的应用更加规范、科学，从而可以有效发挥增产增收、保护环境等方面的效果，从而确保农户对测土配方施肥技术期望水平与实际效果相一致，即提升期望确认水平。基于以上分析，提出以下研究假说。

H_2：科学施肥认知越准确，农户测土配方施肥技术期望确认水平也越高。

二、数据说明、模型构建与变量选取

（一）数据说明

由于本章内容重点探讨影响农户测土配方施肥技术期望确认的关键因素，

是对上一章研究内容的延续和拓展，因此同样以 329 份农户调查问卷作为研究对象。其中，湖北省 256 份，浙江省 40 份，江西省 33 份。研究数据主要涉及三个方面：一是农户对测土配方施肥技术的期望确认情况，具体包括经济价值和环境价值两个维度内容；二是测土配方施肥技术实际推广过程中各服务供给的质量情况，以及农户在此过程中形成的科学施肥认知情况；三是个体特征、生产经营特征等相关控制变量，确保实证结果估计的准确性。

（二）模型构建

基于前文理论分析，本章节构建了农户测土配方施肥技术期望确认的影响因素模型。模型的被解释变量是农户对测土配方施肥技术经济维度和环境维度的期望确认水平，且分别基于相应问题，利用因子分析所得的综合得分，属于连续型变量，因此采用传统的线性回归模型分析农户测土配方施肥技术期望确认水平的影响因素，模型设定如式（7-1）所示：

$$Dis = \beta_0 + \beta_1 TP + \beta_2 COG + \beta_3 Control + \varepsilon \qquad (7-1)$$

其中，Dis 表示农户对测土配方施肥技术的期望确认水平，TP 表示农技推广服务质量，COG 表示科学施肥认知，$Control$ 表示个体特征、生产经营特征等基本控制变量。β_0 表示模型的常数项，β_i（$i=1$，2，3）分别表示农技推广服务质量、科学施肥认知以及控制变量的回归系数，ε 表示模型的随机扰动项。

（三）变量选取

1. 被解释变量

本章节的核心被解释变量为农户对测土配方施肥技术经济价值和环境价值两个方面的期望确认水平，属于一种事后评价。调查问卷中共设置了 6 个问题，分别从提高粮食单产、节约生产成本、节省劳动力、改善土壤质量、保护生物多样性和缓解水体污染对经济维度的期望确认和环境维度的期望确认进行综合反映，具体题项设置与第六章变量选取部分相一致，在此不作过多赘述。进一步地，利用 SPSS19.0 对相关问题进行因子分析，其中，经济维度、环境维度的期望确认 KMO 值分别为 0.704 和 0.710，Bartlett 球形检验的 p 值均为 0.000，表明本章节的样本数据满足利用因子分析法的基本要求，基于主成分分析法分别提取出一个公因子，解释方差和分别为 71.93% 和 75.23%。同时，对量表的信度进行检验，经济维度期望确认、环境维度期望确认的 Cronbach's α 值分别为 0.802 和 0.834，表明提取的公因子代表性较好。通过因子分析法得到的经济维度期望确认水平和环境维度期望确认水平，可以较为全面地反映农户在采用测土配方施肥技术之后形成的期望确认情况。

2. 核心解释变量

基于以上理论分析，本章节的核心解释变量主要包括两个维度。一是农技推广服务质量，反映测土配方施肥技术实际推广过程中相关服务的质量情况。延续前文对测土配方施肥技术推广环节划分的思路，从各推广环节选取合适变量反映农技推广服务质量，具体包括从测土环节、配方环节、供应环节和施肥指导环节依次选取测土结果公布及时性、配方调整、技术咨询便利性、肥料市场规范性共4个变量。二是科学施肥认知，反映农户在技术推广以及实际生产过程中所形成的施肥认知情况。测土配方施肥技术的核心原理在于合理搭配和使用氮磷钾、中微量元素肥料，因此在衡量农户科学施肥认知时主要从是否了解肥料包装上氮磷钾数字组合的含义、水稻种植过程中是否有必要施用微量元素肥等方面选取具体指标，最终主要包括氮磷钾配比认知、微量元素使用必要性、肥料区分认知共3个变量。

3. 其他控制变量

综合考虑本章节的核心问题，以及借鉴葛继红 等（2010）、褚彩虹 等（2012）、苏毅清，王志刚（2014）等相关研究，期望确认是一种主观层面的技术效果评价，不仅会受农技推广服务质量、科学施肥认知等变量的影响，在实际水稻种植生产过程中，农户的个体特征、生产经营特征也会对农户测土配方施肥技术期望确认产生一定作用。为此，本章节从个体特征、生产经营特征选取了相关控制变量，其中个体特征包括受教育年限、年龄、健康状况3个，生产经营特征包括种植规模、连续采用时间、水稻种植目的、土壤类型、家庭主要收入来源、稻田离家距离6个变量。

具体变量选取及其描述性统计分析见表7-1。

表7-1　变量选取及统计分析

变量名称	定义及赋值	均值	标准差
核心被解释变量			
经济维度的期望确认	基于因子分析法计算所得	0.000	1.000
环境维度的期望确认	基于因子分析法计算所得	0.000	1.000
核心解释变量			
测土结果公布及时性	测土结果是否及时公布？是＝1；否＝0	0.404	0.491
配方调整	当地是否进行大配方调整？是＝1；否＝0	0.231	0.422

（续）

变量名称	定义及赋值	均值	标准差
肥料市场规范性	当地肥料市场是否规范？1～5，非常不规范＝1，非常规范＝5	3.781	0.908
技术咨询便利性	技术咨询是否便利？1～5，非常不便利＝1，非常便利＝5	4.043	0.854
氮磷钾配比认知	是否了解肥料包装上氮磷钾数字组合的含义？1～5，非常不清楚＝1，非常清楚＝5	4.167	1.070
微量元素使用必要性	是否有必要施用微量元素肥？1～5，非常不必要＝1，非常必要＝5	3.362	1.176
肥料区分认知	您认为配方肥和普通复合肥是否有区别？不清楚＝0，有区别＝1，没区别＝2	0.945	0.452
控制变量			
文化水平	以实际受教育年限为准（年）	7.550	3.610
年龄	以受访者实际年龄为准（周岁）	57.957	9.127
健康状况	很差＝1；较差＝2；一般＝3；较好＝4；很好＝5	3.982	0.822
种植规模	以2018年水稻种植面积为准（亩）	51.957	85.414
连续采用年限	测土配方施肥技术连续采用时间（年）	4.067	3.184
水稻种植目的	满足自家需求＝0；出售赚取收入＝1	0.429	0.496
土壤类型	沙土＝1；壤土＝2；黏土＝3	2.267	0.793
家庭主要收入来源	非农收入为主＝0；农业收入为主＝1	0.480	0.500
稻田离家距离	以所有稻田离家平均距离表示（百米）	8.781	8.765

三、实证结果分析与讨论

（一）多重共线性检验

为确保模型估计的准确性，在进行正式回归分析前需要对各解释变量进行多重共线性检验。多重共线性检验结果如表7-2所示，从中可以得知，各变量的容忍度介于0.659～0.937之间，方差膨胀因子（VIF）介于1.068～1.537之间，满足容忍度大于0.1和VIF小于10的基本标准，表示影响农户测土配方施肥技术期望确认的各变量之间均不存在严重的多重共线性问题，符合基本运算要求。

表 7-2   多重共线性检验结果

变量名称	共线性统计量		是否存在共线性
	VIF	容忍度	
测土结果公布及时性	1.267	0.789	否
配方调整	1.292	0.774	否
技术咨询便利性	1.263	0.791	否
肥料市场规范性	1.095	0.913	否
氮磷钾配比认知	1.215	0.823	否
微量元素使用必要性	1.147	0.871	否
肥料区分认知	1.089	0.918	否
文化水平	1.421	0.704	否
年龄	1.453	0.688	否
健康状况	1.337	0.748	否
种植规模	1.517	0.659	否
连续采用年限	1.068	0.937	否
水稻种植目的	1.291	0.775	否
土壤类型	1.113	0.898	否
家庭主要收入来源	1.393	0.718	否
稻田离家距离	1.182	0.846	否

(二) 模型估计结果

基于农户测土配方施肥技术期望确认的影响因素模型,利用 Stata 15.0 分别针对经济维度的期望确认和环境维度的期望确认进行了实证检验,结果如表 7-3 所示。从模型拟合程度看,两个模型的 F 值分别为 4.13 和 3.29,均通过了 1% 水平下的显著性检验,表明模型整体拟合程度较好,实证结果具有一定代表性。从模型显著变量来看,农户对测土配方施肥技术经济维度的期望确认水平,会受到农技推广服务质量、科学施肥认知、个体特征、生产经营特征的共同影响,具体包括测土结果公布及时性、配方调整、技术咨询便利性等 9 个变量。另外,农户对测土配方施肥技术环境维度的期望确认水平,仅受到农技推广服务质量的影响,具体包括测土结果公布及时性、技术咨询便利性和肥料市场规范性 3 个变量。

表 7-3   农户测土配方施肥技术期望确认影响因素实证结果

变量名称	经济维度期望确认		环境维度期望确认	
	系数	标准误	系数	标准误
测土结果公布及时性	0.247**	0.118	0.356***	0.120

（续）

变量名称	经济维度期望确认		环境维度期望确认	
	系数	标准误	系数	标准误
配方调整	0.247*	0.138	0.166	0.141
技术咨询便利性	0.124**	0.059	0.126**	0.060
肥料市场规范性	0.144**	0.069	0.171**	0.070
氮磷钾配比认知	0.045	0.053	0.032	0.054
微量元素使用必要性	0.079*	0.047	0.047	0.048
肥料区分认知（以"不清楚"为参照）				
有区别	−0.105	0.166	−0.084	0.169
没有区别	−0.420*	0.242	−0.185	0.247
文化水平	−0.004	0.017	0.007	0.017
年龄	0.009	0.007	−0.001	0.007
健康状况	0.178**	0.072	0.112	0.074
种植规模	0.000	0.001	−0.000	0.001
连续采用年限	0.019	0.017	−0.024	0.017
水稻种植目的	0.336***	0.118	−0.057	0.121
土壤类型				
壤土	0.072	0.150	−0.122	0.153
黏土	0.219	0.139	−0.201	0.142
家庭主要收入来源	0.023	0.121	0.048	0.123
稻田离家距离	−0.013**	0.006	−0.005	0.006
常数项	−3.008***	0.724	−1.697**	0.738
观测值	329		329	
F 值	4.13***		3.29***	
调整 R^2	0.147		0.111	

注：***、**、*分别表示相关变量系数通过1%、5%和10%水平下的显著性检验。

（三）实证结果分析

1. 经济维度期望确认的影响因素分析

总体来看，农户在测土配方施肥技术经济维度的期望确认水平会受到农技推广服务质量、科学施肥认知、个体特征、生产经营特征的共同影响，其中包括测土结果公布及时性、技术咨询便利性、肥料市场规范性、微量元素使用必要性、健康状况等，具体分析如下。

（1）农技推广服务质量。

第一，测土结果公布及时性变量系数为正，且通过 5% 水平下的显著性检验，表明测土结果公布及时性对农户测土配方施肥技术经济维度的期望确认产生显著正向影响。正如前文所述，测土环节的作用主要是通过技术手段测定土壤中各营养元素的含量，从而为后续科学施肥方案制定、精准施肥提供数据支撑。当有关部门将测土结果进行及时公布时，不仅有助于增强农户对测土配方施肥技术的信任程度，还有助于其对土壤供肥能力以及测土配方施肥技术的效果形成一个较为科学的判断和预期，从而在实际使用后取得较好的经济效益，易于达到一个较高的期望确认水平。

第二，配方调整变量系数为正，通过了 10% 水平下的显著性检验，表明配方调整对农户测土配方施肥技术经济维度的期望确认产生显著正向影响。一般来说，测土配方施肥技术在实际推广和应用过程中，遵循"大配方、小调整"的技术原则。换言之，农业农村部、全国农技推广服务中心以大区域性的作物种植情况，制定相对应的配方，具体到各县（市）需要进行调整，以适应地方作物需要。因此，地方农业部门因地制宜地对水稻施肥方案进行调整，可提高测土配方施肥技术在当地的适用性和有用性，有助于农户在实际应用过程中有效发挥该技术在提高粮食单产、节约生产要素投入等方面的效果，从而提高农户在经济维度的期望确认水平。

第三，技术咨询便利性变量系数为正，通过了 5% 水平下的显著性检验，表明技术咨询便利性对农户测土配方施肥技术经济维度的期望确认水平具有显著正向作用。这不难理解，农户在实际应用测土配方施肥技术过程中，必然会遇到土壤肥力情况如何、施肥量为多少等具体问题，若有关问题均可以找到农技人员进行咨询和解决，减少因技术应用不当造成水稻种植过程中的无效损失，即通过有效的技术咨询服务，提高农户在技术采用后的水稻单产水平，以及减少化肥、劳动力等生产要素的投入，进而有助于农户实现测土配方施肥技术采用之前的期望水平，即在经济价值方面形成较高的期望确认水平。

第四，肥料市场规范性变量系数为正，通过了 5% 水平下的显著性检验，表明肥料市场规范性对农户测土配方施肥技术经济维度的期望确认产生显著正向影响。配方肥作为测土配方施肥技术最主要的物化形式，其质量问题在很大程度上决定了测土配方施肥技术效果的发挥情况。以往有关研究也指出，市场上配方肥鱼龙混杂、质劣价高，严重影响到农户的采纳积极性（李莎莎，朱一鸣，2017），同时对购买使用者而言更是一次非常糟糕的体验，大大降低了其对测土配方施肥技术有用性的评价。相反，肥料市场较为规范，在减少因信息不对称而产生搜寻成本的同时，可有效发挥测土配方施肥技术在提高粮食单产、节省劳动力等方面的效果，从而对该技术在经济价值方面达到一个较高的期望确认水平。

（2）科学施肥认知。

第一，微量元素使用必要性变量的系数为正，且通过了 10% 水平下的显著性检验，表明微量元素使用必要性对农户测土配方施肥技术经济维度的期望确认产生显著正向影响。传统施肥结构不均衡，以重视大量元素肥料、轻视微量元素肥料为主要特征，造成肥料利用效率低下、农业生产成本不断上升。事实上，锌、锰、硼等微量元素肥料对提高水稻产量、改善稻米品质等均具有显著成效。因此，当农户认识到水稻种植过程中有必要使用微量元素肥料时，表明其已形成较为科学的施肥认知，对测土配方施肥的技术原理、技术效果均能更好地理解，从而形成更为科学、客观的预期，并在正确应用该技术后取得良好效果，即预期与效果相一致，形成较高的期望确认水平。

第二，肥料区分认知中"没有区别"变量的系数为负，且通过了 10% 水平下的显著性检验，表明相较不清楚配方肥和传统复合肥区别的农户而言，认为两者之间无区别的农户在经济维度的期望确认水平更低。可能的原因是，农户能否区分配方肥和传统复合肥，实际上反映的是农户对测土配方施肥技术原理的了解情况。尽管两种肥料均是基于氮磷钾三种营养元素，区别在于三种营养元素的比例不同，但正是比例的不同造成肥料效果的巨大差异。当农户认为两种肥料无区别时，表明其对测土配方施肥技术缺乏准确的认识，这不仅会影响到农户对测土配方施肥技术的预期情况，更为重要的是会影响到其正确使用配方肥和测土配方施肥技术，从而导致其提高粮食单产、节约生产要素投入等方面的技术效果不达预期，即形成较低的期望确认水平。

（3）其他控制变量。

个体特征中的健康状况变量系数为正，且通过了 5% 水平下的显著性检验，表明农户身体越健康，对测土配方施肥技术经济维度的期望确认水平越高。可能的原因是，农户身体越健康，便更有精力和时间了解测土配方施肥技术并进行准确应用，在一定程度上有助于发挥该技术的经济价值，更有助于实现农户对该技术的期望水平与技术效果相一致，即形成较高的期望确认水平。

生产经营特征中，一方面，水稻种植目的变量系数为正，且通过了 1% 水平下的显著性检验，表明相较以满足自家需求为主要目的的农户，以出售赚取收入为主要目的的农户对测土配方施肥技术经济维度的期望确认水平更高。一般来说，当农户种植水稻以赚取收入为目的时，表明水稻种植收入在家庭经济中具有重要地位。此时，农户在实际应用测土配方施肥技术时，会严格按照技术要求进行水稻施肥管理，充分发挥该技术在粮食增产、节约成本等方面的效果，从而更利于农户达到技术采用前的期望水平。另一方面，稻田离家距离变量系数为负，且通过了1%水平下的显著性检验，表明稻田离家平均距离越长，农户对测土配方施肥技术经济维度的期望确认水平越低。可能的原因是，相较稻田离家平均距离较短的农户，离家平均距离较长的农户在测土配方施肥技术应用过程中需要付出更多的时间成本和劳动力成本，且无暇顾及导致离家较远的稻田面临边缘化的情况，在此状态下应用测土配方施肥技术的效果自然难以达到预期。

2. 环境维度期望确认的影响因素分析

总体来看，农户在测土配方施肥技术环境维度的期望确认水平主要受农技推广服务质量的影响，其中包括测土结果公布及时性、技术咨询便利性、肥料市场规范性三个变量的显著正向影响。具体分析如下：

第一，测土结果公布及时性变量系数为正，且通过1%水平下的显著性检验，表明测土结果的及时公布有助于提升农户对测土配方施肥技术环境维度的期望确认水平。可能的原因是，相关部门对测土结果进行公布，有助于农户对土壤酸碱度、有机质含量等方面形成基本的认识，从而对技术应用后所能达到的环境价值预期较为客观和理性，避免过分乐观而导致的实际效果与预期值相距甚远的情况，从而影响到农户对测土配方施肥技术在环境价值方面的期望确认水平。

第二，技术咨询便利性变量系数为正，且通过了5%水平下的显著性检验，表明技术咨询服务便利程度的提高，将有助于提升农户对测土配方施肥技术环境维度的期望确认水平。测土配方施肥技术作为一种精准施肥技术，与传统施肥模式存在较大差别，在农户实际应用过程中必然会遇到一些问题。更为关键的是，不同于提高单产、减少劳动投入等经济维度，环境维度的技术效果不仅不易于在短时间内实现，且难以被农户有效观察，而当有关技术咨询较为便利时，可以帮助农户更好地了解以及实际使用测土配方施肥技术，在这一过程中对该技术形成准确、科学的认知的同时，充分发挥该技术的生态效益，从而最终促进农户对测土配方施肥技术环境维度期望的实现，即提高环境维度的期望确认水平。

第三，肥料市场规范性变量系数为正，且通过了5%水平下的显著性检验，表明肥料市场越规范，农户对测土配方施肥技术环境维度的期望确认水平越高。可能的原因是，测土配方施肥技术在改善土壤质量、缓解水体污染等环

138

境方面效果的发挥，不仅取决于施肥理念的转变，也需要配方肥这一核心生产要素的配合使用。因此，当肥料市场规范性较强时，有助于缓解农户与农资经销商之间的信息不对称，增强农户对肥料市场的信任程度，进而避免农户因购买和使用劣质配方肥而导致测土配方施肥技术效果不佳，尤其是在改善土壤质量、缓解水体污染等方面，进而影响到农户对测土配方施肥技术环境维度的期望确认水平。

（四）内生性检验

考虑到以经济维度期望确认和环境维度期望确认作为因变量进行分别估计时，两个方程的扰动项之间可能存在相关性，主要原因为：一是无论是经济维度期望确认，还是环境维度期望确认，均属于农户对测土配方施肥技术在采用后的一种主观比较和认知，两者在一定程度上是相关的；二是农户的一些不可观测因素，例如个人能力、选择偏好等，均会对经济维度期望确认和环境维度期望确认产生影响。若对这一问题进行忽略，可能会造成结果估计不准确，从而产生测量误差问题。因此，需要将两个方程进行联合估计，以提高估计的效率（Greene，2008）。由于经济维度期望确认和环境维度期望确认均属于连续型变量，本书选用似不相关回归（Seemingly Unrelated Regression Estimation，简称 SUR）进行实证检验。具体模型如下：

$$\begin{cases} Dis_1 = \alpha_0 + \alpha_1 TP + \alpha_2 COG + \alpha_3 Control + \varepsilon_1 \\ Dis_2 = \beta_0 + \beta_1 TP + \beta_2 COG + \beta_3 Control + \varepsilon_2 \end{cases} \quad (7-2)$$

式中，Dis_1 和 Dis_2 分别表示经济维度期望确认和环境维度期望确认，TP 表示农技推广服务质量，COG 表示科学施肥认知，$Control$ 表示个体特征、生产经营特征等基本控制变量，α_i、β_i 分别表示对应变量的估计系数，ε_1 和 ε_2 分别表示两个方程的随机扰动项，且满足 $corr(\varepsilon_1, \varepsilon_2) \neq 0$。

表 7-4 表示农户测土配方施肥技术经济维度期望确认和环境维度期望确认的联合估计结果。总体来看，两个方程的扰动项之间无同期相关检验值为 102.668，通过了 1% 水平下的显著性检验，表明可以拒绝各方程的扰动项相互独立的假设检验，即利用似不相关回归检验提高了模型估计的效率。进一步从各变量系数及标准误来看，联合估计下各变量系数与独立回归时一致，但标准误存在差别。这表明利用似不相关回归进行实证检验，虽不会影响各变量系数值大小，但从严格意义上说，各变量的置信区间估计将更为准确。若单纯从变量显著性情况来看，联合估计与独立估计的显著性变量分布一致，即农户经济维度期望确认主要受技术推广服务质量和科学施肥认知的影响，而环境维度

期望确认则主要受农技推广服务质量的影响，进一步证实了农技推广服务质量和科学施肥认知对农户测土配方施肥技术期望确认的影响情况。

表7-4　农户测土配方施肥技术期望确认的联合估计结果

变量名称	经济维度期望确认		环境维度期望确认	
	系数	标准误	系数	标准误
测土结果公布及时性	0.247**	0.114	0.356***	0.116
配方调整	0.247*	0.134	0.166	0.136
技术咨询便利性	0.144**	0.067	0.171**	0.068
肥料市场规范性	0.125**	0.057	0.126**	0.058
氮磷钾配比认知	0.045	0.051	0.032	0.053
微量元素使用必要性	0.079*	0.046	0.047	0.047
肥料区分认知（以"不清楚"为参照）				
有区别	−0.104	0.161	−0.084	0.164
没有区别	−0.420*	0.235	−0.185	0.240
控制变量	已控制		已控制	
观测值	329		329	
调整 R^2	0.147		0.111	
无同期相关检验值		102.668***		

注：***、**、* 分别表示检验值在1%、5%和10%置信水平下显著。

四、本章小结

本章基于期望确认对农户测土配方施肥技术持续采用行为的关键作用，进一步厘清和识别了影响农户期望确认水平的关键因素。首先，基于信息不对称理论，构建了农户测土配方施肥技术期望确认影响因素理论分析框架，重点探讨了农技推广服务质量和科学施肥认知对期望确认的影响。其次，利用线性回归模型，分别对经济维度期望确认和环境维度期望确认进行实证检验。最后，进一步考虑内生性问题，利用似不相关回归模型对经济维度期望确认和环境维度期望确认进行联合估计。主要结论如下：

（1）农户经济维度的期望确认受到农技推广服务质量、科学施肥认知、个体特征以及生产经营特征的共同影响。具体而言：①农技推广服务质量方面，农户经济维度的期望确认主要受到测土结果公布及时性、配方调整、肥料市场规范性和技术咨询便利性的显著正向影响；②科学施肥认知方面，则主要受到微量元素使用必要性的显著正向影响，以及配方肥和传统复合肥无区别的显著负向影响；③个体特征和生产经营特征方面，主要受到健康状况、水稻种植目的的显著正向影响，以及稻田离家距离的显著负向影响。

（2）农户环境维度的期望确认仅受到农技推广服务质量的影响。具体而言，测土结果公布及时性、肥料市场规范性和技术咨询便利性会对农户环境维度的期望确认水平产生显著正向影响，而包括科学施肥认知、个体特征以及生产经营特征在内的其他变量对农户环境维度的期望确认影响均不显著。

（3）对经济维度期望确认和环境维度期望确认联合估计的实证结果与独立回归结果系数相一致，但标准误有所不同。似不相关回归结果显示，经济维度期望确认和环境维度期望确认存在相关性，两个方程的扰动项之间无同期相关检验值通过显著性检验，联合估计在控制了测量误差之后，提高了系数估计准确性，同时从一个侧面验证了农技推广服务质量、科学施肥认知对农户测土配方施肥技术经济维度和环境维度期望确认的显著影响。

第八章　研究结论与政策启示

本研究基于微观调查数据，以测土配方施肥技术作为绿色生产技术的典型代表，研究农户绿色生产技术采用行为，将测土配方施肥技术推广模式的梳理和技术整体认知与环节认知的区分作为研究的基础，以测土配方施肥技术采用行为的细分作为研究的关键点，对不同技术采用行为发生机理的探讨作为研究的核心点，以此提出促进测土配方施肥技术推广和实现农业生产绿色转型的政策启示。在此之前，本章首先对前面章节进行梳理，对研究结论进行归纳总结，并针对本研究的不足之处，指出今后研究中有待于进一步完善的方向和所需完成的工作。

一、研究结论

通过对前面章节研究内容的梳理，概括总结出以下几点主要研究结论：

1. 农户对测土配方施肥技术的整体认知与环节认知存在偏差

第一，在整体认知方面，仅有26.88%的农户对测土配方施肥技术非常了解或比较了解，半数以上的农户（53.38%）表示非常不了解或较不了解，表明样本区域农户对测土配方施肥技术的整体认知不足。在环节认知方面，农户对测土、供应和配肥环节的了解程度相对最高，知晓比例分别为61.63%、45.25%和33.62%；从环节推广认知来看，农户对测土、配方、供应等环节已形成较为准确的认知，但在配肥环节差强人意。

第二，农户对测土配方施肥技术的整体认知与环节认知之间存在高度相关性，且存在一定程度的认知偏差现象。具体而言：①环节认知与整体认知的Pearson检验 χ^2 值均通过了1%水平下的显著性检验，结合样本分布情况，表明两两之间均呈现出正相关关系。②农户至少了解一个环节时，样本占比为74.25%，远大于农户测土配方施肥技术的整体认知比例（26.88%），初步证实了认知偏差的存在。③在对农户类型进行划分的基础上，约21.65%~40.04%的样本农户存在测土配方施肥技术认知偏差。

142

第三，认知偏差会对农户技术感知产生显著影响，不利于农户对测土配方施肥技术形成科学、准确的认识和评价。具体而言，偏差型农户对测土配方施肥技术感知易用性和感知有用性的样本均值处于无认知型农户和认知一致型农户之间；随着环节认知标准的提高，即从至少了解一个环节为环节认知，提升为至少了解三个环节为环节认知，农户对测土配方施肥技术感知有用性、感知易用性的综合评分同时呈现出上升趋势。

2. 样本区域农户测土配方施肥技术采用现状整体较好，但不同技术采用行为的样本占比存在一定差异，有必要进一步进行区分

第一，样本区域 2018 年农户测土配方施肥技术采纳率为 64.60%。按不同区域进行细分，江西省的技术采纳率最高，为 72.68%，湖北省（66.47%）和浙江省（38.61%）分列二、三位；按种植规模进行细分，中规模农户技术采纳率最高，为 69.93%，小规模农户（63.22%）和大规模农户（59.22%）则分列二、三位。

第二，将样本农户技术采用行为进行细分为持续采用行为、初次采用行为、早期采用但现在未用、从未采用共四类，对应的样本占比分别为 39.42%、25.18%、9.73% 和 25.67%。

第三，在个体特征方面，技术初次采用和持续采用的两类样本在健康水平和受教育程度两个方面存在显著差异。在生产经营特征方面，技术初次采用和持续采用的两类样本在家庭总人口、家庭收入、耕作面积和单产水平四个方面均存在显著差异，在一定程度上反映出两种技术采用行为的样本农户存在差异。

3. 服务供给、技术认知对农户测土配方施肥技术初次采用行为产生显著影响，且在不同群组中影响机理存在异质性

第一，在服务供给维度，农户测土配方施肥技术采用行为会受到测土结果公布、配方肥获取和施肥建议卡的显著正向影响。在技术认知维度，则主要受到测土重要性认知、配方设计认知的显著正向影响。进一步计算各变量的平均边际效应发现，排名前三的是施肥建议卡、配方肥获取以及测土结果公布，表明相较技术认知，服务供给对农户测土配方施肥技术初次采用的影响更为显著。

第二，不同群组划分方式下，服务供给、技术认知对农户测土配方施肥技术初次采用行为的影响机理存在一定差异。具体而言：①配方肥获取变量在除老龄组农户外任一分组中，均会对农户技术采用行为产生显著正向影响；②测土结果公布、感知易用性对非老龄、高文化水平以及以农业收入为主的农户技术采用行为具有显著促进作用；③施肥建议卡对老龄、高文化水平以及以非农收入为主的农户技术采用行为产生显著正向作用；④感知易用性对非老龄、高文化水平以及以农业收入为主的农户技术采用行为具有显著促进作用，从一个侧面间接证实了认知偏差会通过技术易用性感知对农户初次采用行为产生影响；⑤感知有用性对低文化水平农户技术采用行为产生显著正向影响，同样也间接证实了认知偏差会通过技术有用性感知对农户初次采用行为产生影响。

4. 农户测土配方施肥技术持续采用行为会受到多方面因素的影响，且户主年龄、文化水平、耕地质量以及技术培训在部分影响路径中存在调节效应

第一，便利条件、持续采用意愿直接影响农户测土配方施肥技术持续采用行为，影响效应分别为 0.320、0.657；经济维度期望确认、环境维度期望确认、经济维度事后感知有用性、满意度和自我效能间接影响农户测土配方施肥技术持续采用行为，影响效应分别为 0.375、0.016、0.246、0.338、0.341。其中，持续采用意愿的直接效应和总效应均为最大，经济维度期望确认的间接效应最大。这证实了期望确认是促使农户由初次采用向持续采用转变的重要因素，与理论预期一致。

第二，以户主年龄作为调节变量，主要影响环境维度事后感知有用性对持续采用意愿、自我效能对持续采用意愿、便利条件对持续采用行为 3 条路径的作用大小。以文化水平作为调节变量，主要影响经济维度期望确认对经济维度事后感知有用性、环境维度期望确认对环境维度事后感知有用性、环境维度期望确认对满意度、经济维度事后感知有用性对持续采用意愿以及环境维度事后感知有用性对持续采用意愿 5 条路径的作用大小。以耕地质量作为调节变量，主要影响环境维度期望确认对环境维度事后感知有用性、环境维度期望确认对满意度、环境维度事后感知有用性对持续采用意愿以及便利条件对持续采用行为 4 条路径的作用大小。以技术培训作为调节变量，主要影响经济维度期望确认对经济维度事后感知有用性、环境维度期望确认对环境维度事后感知有用性以及经济维度期望确认对满意度 3 条路径的作用大小。可见，在不同群组中，期望确认、事后感知有用性等变量对农户持续采用行为产生的影响存在差异。

5. 农技推广服务质量、科学施肥认知对农户期望确认产生显著影响，但在经济维度和环境维度的影响变量分布存在差异

第一，农户经济维度的期望确认受到农技推广服务质量、科学施肥认知、个体特征以及生产经营特征的共同影响。具体而言：①农技推广服务质量方面，农户经济维度的期望确认主要受到测土结果公布及时性、配方调整、肥料市场规范性和技术咨询便利性的显著正向影响，表明相关农技推广服务质量越高，农户对经济维度的期望确认水平也越高。②科学施肥认知方面，则主要受到微量元素使用必要性的显著正向影响，以及配方肥和传统复合肥无区别的显著负向影响，表明农户形成科学施肥认知后，同样有助于提升其对经济维度的期望确认水平。③个体特征和生产经营特征方面，主要受到健康状况、水稻种植目的的显著正向影响，以及稻田离家距离的显著负向影响。

第二，农户环境维度的期望确认仅受到农技推广服务质量维度相关变量的影响。具体而言，测土结果公布及时性、肥料市场规范性和技术咨询便利性会对农户环境维度的期望确认水平产生显著正向影响，表明农技推广服务质量的提升，同样可以提高农户对环境维度的期望确认水平。此外，其他包括科学施肥认知、个体特征以及生产经营特征在内的其他变量对农户环境维度的期望确认影响均不显著。基于以上两点可知，提升农技推广服务质量对经济维度期望确认和环境维度期望确认均有显著促进作用，农技推广服务的高质量发展应成为今后农技推广体系的重要方向。

第三，对经济维度期望确认和环境维度期望确认联合估计的实证结果与独立回归结果系数相一致，但标准误有所不同。似不相关回归结果显示，经济维度期望确认和环境维度期望确认存在相关性，两个方程的扰动项之间无同期相关检验值通过显著性检验，联合估计在控制了测量误差之后，提高了系数估计准确性，同时从一个侧面验证了农技推广服务质量、科学施肥认知对农户测土配方施肥技术经济维度和环境维度期望确认的显著影响，研究结论可靠。

二、政策启示

基于以上研究结论，为促进以测土配方施肥技术为代表的绿色生产技术的推广和应用，加快实现我国农业绿色发展、可持续发展，提出了以下几点政策启示：

（一）区分技术采用阶段与农户特质，提高技术推广针对性

1. 加强对农户追踪调查，准确识别技术采用阶段

初次采用行为和持续采用行为的发生机理存在显著差异，因此准确识别农户技术采用行为所处阶段，是有效开展绿色生产技术推广工作的基础。首先，各地农技推广部门应将农户抽样调查列为经常性工作，广泛利用农技培训会、科技下乡等活动，对区域内各村绿色生产技术采用现状进行初步掌握，并对区域内种植大户、家庭农场等新型农业经营主体开展定期追踪调查，全面了解各

类新型农业经营主体绿色技术采用情况，进行记录和档案化管理。其次，动员和发挥乡镇农业技术推广站、村干部的作用，开展网格化管理和调查，全面了解各村、各生产单位绿色技术采用基本情况，对于各地重点推广的绿色生产技术，例如测土配方施肥、生物农药使用、废弃物综合管理等，要进行详尽调查。最后，利用多期农户技术采用调查数据，分区域、分主体确定各类绿色生产技术采用所处阶段。

2. 加强对农户特质识别，区分出不同群体农户

分属不同群体的农户，在资源禀赋、认知能力等方面存在显著差异，进而对绿色生产技术采用行为决策产生不同影响。因此，在实际农业技术推广过程中，农业技术推广部门、乡镇干部等相关主体需要加强对农户特质的识别与区分，对不同群体农户实行精准施策、分类施策，提高技术推广的针对性。具体而言，首先，充分调动农业技术推广部门、乡镇干部、新型农业经营主体，开展在农户信息包括年龄、文化水平、家庭收入结构、耕地面积等方面的收集工作，构建区域性的农户信息数据库。其次，组织专家学者、农技推广人员对区域内农户，按照老龄组与非老龄组、低文化水平组与高文化水平组等方式进行群体划分，将具有相同或相似属性特征的农户归为一类。在这一分组分群过程中，各地应根据人员配置、农户规模等实际情况进行调整，在提高工作效率的同时保障分群分组的科学性。最后，加强管理，兼顾农户群体划分的动态性与稳定性。人与事物均是在不断发展和变化的，农户群体的划分同样如此，而准确的群体划分是开展精准施策、分类施策的基础，因此需要从动态发展的视角，定期对不同群体内农户进行调整，确保分群工作的有效开展。

（二）改善技术采用的外部环境，提升技术应用效果

1. 因时因地调整农技推广模式，提高农技推广服务质量

农业技术推广体系对促进我国农业经济快速发展的重要性不言而喻。由于政策性因素以及农业科技发展水平的差异，同一种绿色生产技术在不同地区的推广和应用存在时间上的先后，为此有必要针对促进初次采用和持续采用的不同目标，因时因地调整农业技术推广模式，不断提高农业技术推广服务质量。具体而言，一方面，对于初始推广测土配方施肥技术等绿色生产技术的地区，农业技术推广部门应兼顾农业技术推广服务的质量和数量，在提高农业技术推广服务覆盖面的同时，也应适当关注农业技术推广服务的质量。通过定期下乡指导、组织现场观摩、发放学习资料等方式，确保管辖区内所有乡镇、所有农户均能有效获取应用绿色生产技术所需的服务，包括技术咨询、要素获取等，为农户实现绿色生产技术的初次采用提供尽可能的帮助。另一方面，对于测土配方施肥技术等绿色生产技术已推广多年的地区，农技推广部门应重点关注如何进一步提高农业技术推广服务质量。为促使农户从初次采用行为向持续采用行为的转变，需要确保绿色生产技术的应用可以持续为农户带来超额的利润，而在这一过程中提高农业技术推广服务质量将起到非常重要的作用。具体措施包括，组织农业技术人员参与培训、提高专业知识储备和技能水平，并对装备设施进行更新换代，从而提供更专业、更科学的技术指导；加强对服务供给主体的管理和监督，增强技术服务的规范性。

2. 引导市场化服务主体参与，完善服务供给体系

农业企业、农业协会、专业合作社等各类主体参与到农业技术推广活动中，以市场经济手段为农业科技推广提供必要的支持，是发展现代农业的一种必然趋势。以测土配方施肥技术为例，随着技术手段的不断升级，以及测土配方施肥仪等简易装备的研发与应用，农资经销商、合作社等逐渐承担了技术推广中的测土、配方等核心环节工作，在一定程度上弥补了"大配方、小调整"技术模式下部分农户难以获得个性化服务的缺陷。具体而言，一方面，加大对各类服务主体的培训力度，提升市场化服务主体的服务供给能力。土肥站、农业技术推广中心、种植业管理部门等农业相关部门合力对各类主体在绿色生产技术（例如测土配方施肥技术、免耕技术等）、绿色生产要素（例如，生物农药、配方肥等）等方面展开培训，确保服务主体可以有效开展相关服务。另一方面，针对不同技术采用阶段，对服务供给主体采取差异化的管理模式。绿色生产技术的初始推广阶段，为促进各类服务主体的参与，应加强对各类服务主体的扶持力度，确保其在服务供给过程中有利可图；而在历经一段时间的发展后，需加强对各服务主体的统筹协调，合理配置各类服务资源，合理分工，在一定程度上避免相互之间的恶性竞争，形成地方性农业技术推广服务体系的良好布局。

3. 加快农技推广理念的转变，重视环节推广的作用

每一项绿色生产技术的研发与应用过程，均会涉及多个核心环节，例如测土配方施肥技术的测土、配方、配肥等环节，而每个核心环节的农业技术推广工作开展是否得当，直接决定了相应绿色生产技术的推广效率和应用水平，尤其是在绿色生产技术推广的初始阶段，各环节的服务供给对促使农户绿色生产技术的初次采用行为至关重要。因此，作为农业技术推广体系的重要构成，农业部门应加快转变传统农业技术推广理念，重视各技术环节的推广工作。

一方面，强调分工明确、各司其职。一般来说，不同绿色生产技术、不同推广环节由不同的部门和主体负责，例如，测土环节主要由土肥站完成，而推广和宣传则主要由农业技术推广中心完成。在实际推广时，要求各部门加强联系，实现信息的及时互通，确保农业技术推广的各环节有主体参与、有服务提供。另一方面，积极转变小农户文化水平不高、综合素质低的片面认知，尽管这是一种客观事实，但并不应该成为忽视推广工作的理由，反而更应重视环节推广，加强农户对绿色生产技术的了解，以此促进技术的采纳与应用。规避风险是小农户的一种"天性"，若缺乏对农业绿色生产技术的系统了解，自然不愿意采纳与应用，只有通过各推广环节工作的有效开展，以促使农户对绿色生产技术形成一个系统、全面的了解和认知，才能事半功倍。

（三）加强宣传和引导，提高农户认知能力

1. 加强技术推广环节的宣传，提升农户技术认知水平

认知是技术采用行为发生的前提和基础，提升技术认知水平是促进农户绿色生产技术初次采用的重要途径。考虑到不同推广环节所承担的作用有所不同，有必要从技术推广环节细分的视角，加强技术推广环节工作的宣传和普及，以减少产生技术认知偏差，同时全面提升农户绿色生产技术认知水平。具体可以从两个方面采取相应措施：一是从推广内容上增加技术推广环节的宣传、普及，例如，在测土配方施肥技术的测土环节，增加土肥站工作人员与取土农田农户的沟通和交流，明确告知取土的目的与作用，以加深农户对测土配方施肥技术原理的了解；注重增加对绿色生产技术的有用性、易用性等内容的宣传，尤其对于老龄农户、低文化水平农户，要通过合理的宣传和引导，吸引农户初次采用绿色生产技术。二是从推广的方式方法上做出适当创新与调整，深化农户对绿色生产技术的了解。农户在绿色生产技术初次采用行为决策时往往会表现出谨慎、规避风险的特点，因此在推广时应以示范基地建设、观摩学习、交流会等方式为主，完整呈现技术推广各环节工作的实际开展情况，使农户切身感受到采用绿色生产技术所实现的经济效益。

2. 加强对技术应用效果的宣传，促进农户形成客观的期望水平

农户绿色生产技术的持续采用，是实现农业绿色发展转型的关键，而期望确认水平的高低直接影响到农户技术持续采用的行为决策。因此为促进农户对绿色生产技术达到期望确认的状态，需要加强对技术应用效果的宣传，进而形成一个客观、准确的期望水平或预期目标。具体可以从两个方面采取相应措施：一是宣传推广内容应多样化。在技术推广时注重技术效果的介绍和说明，不仅要宣传提高单产、减少劳动力投入等经济维度，也应积极宣传保护生态环

境、减少水体污染等环境维度的技术效果，同时适当结合农业面源污染的形成原因、解决措施等内容，培养农户形成环境危机意识，更有助于农户形成绿色发展、可持续发展理念，从而关注和识别出应用绿色生产技术后所实现的环境效益，最终提升农户对绿色生产技术的期望确认水平。二是在宣传方式方法上采取针对性措施。对于普通农户而言，采取宣传册、现场观摩、示范推广等直观的方式，强调通俗易懂、易于学习和操作，使农户直观了解到应用测土配方施肥技术等绿色技术所实现的经济效益和环境效益；对于家庭农场、种植大户等新型农业经营主体，则主要采取互联网、手机等现代信息技术，利用公众号、App、微信群等方式，以媒体化、数字化的方式为主。

三、研究展望

虽然本研究利用微观调查数据，对农户测土配方施肥技术整体认知和环节认知进行区分，并基于技术采纳行为的细分，深入探讨了初次采用行为和持续采用行为的发生机理，将技术采纳的阶段性特征引入到相关研究，得到了一些有用的结论以及政策建议，但仍然存在一些不足之处，有待今后研究进行进一步完善，主要表现为以下两个方面。

（1）加强数据的连续性，追踪调查获取多阶段数据，对技术采用行为进行更细致的划分与研究。从行为界定来看，持续采用行为属于一个多阶段的动态行为，尽管本书通过设置相应问题，引导农户尽可能准确回答，从而对技术采用行为及对应的样本农户进行有效区分，所得出的研究结论仍具有可靠性和参考价值。但不可避免的是，以回忆的方式获取的数据在准确性方面必然会有所损失，若能以多阶段数据展开研究是最为理想的。不仅如此，从一个较长的时期来看，技术采用行为不仅仅只包括初次采用行为和持续采用行为，对于两者之间的中间地带，例如初期采用一段时间但之后未继续采用，抑或是采用多少时间（农业技术应用周期）后会选择退出，是什么原因导致了上述行为的发生？为此，未来的研究将通过对农户进行追踪调查，以动态发展的视角，识别和区分技术采用行为在不同阶段、不同情形下的表现形式，在此基础上进一步探讨影响各种技术采用行为的关键因素，以寻求促进农业绿色生产技术推广和应用的可行路径和政策建议。

（2）增加典型区域数据的获取，从不同推广模式下分析技术推广对技术采用行为的影响。尽管存在不同的测土配方施肥技术推广模式，但万变不离其宗，只是各种推广模式的工作重点有所不同。例如，"一张卡"模式是通过发放测土配方施肥建议卡的方式进行推广，"站厂结合"模式是加强土肥站和肥料生产企业之间的合作，以生产供应配方肥作为工作重点。从本质上来看，各种推广方式均是围绕测土、配方、配肥、供应等环节开展相关工作，而本研究关注的重点是不同技术环节的农技推广服务对农户技术采用行为的影响，是基于同一个推广服务框架下开展的研究。当然，不同的推广模式在扶持政策、推广对象、服务形式等多方面存在一定差异，由此对农户技术采用行为的影响会有所差异，受限于精力和时间原因，本研究未能从一个系统、全面的角度展开农技推广模式对农户技术采用行为的影响研究。基于此，在后续研究中，将会选取不同推广模式下的典型区域进行微观调查，在全面了解和掌握不同技术推广模式主要特征的基础上，厘清影响农户技术初次采用行为和持续采用行为的关键因素，增强研究结论的普适性和实用性。

参 考 文 献

蔡荣，蔡书凯，2012. 保护性耕作技术采用及对作物单产影响的实证分析：基于安徽省水稻种植户的调查数据［J］. 资源科学，34（9）：1705-1711.

蔡颖萍，杜志雄，2016. 家庭农场生产行为的生态自觉性及其影响因素分析：基于全国家庭农场监测数据的实证检验［J］. 中国农村经济（12）：33-45.

曹光乔，张宗毅，2008. 农户采纳保护性耕作技术影响因素研究［J］. 农业经济问题（8）：69-74.

柴育红，陈亚慧，夏训峰，等，2014. 测土配方施肥项目生命周期环境效益评价：以聊城市玉米为例［J］. 植物营养与肥料学报，20（1）：229-236.

常向阳，韩园园，2014. 农业技术扩散动力及渠道运行对农业生产效率的影响研究：以河南省小麦种植区为例［J］. 中国农村观察（4）：63-70，96.

陈昊，李文立，柯育龙，2016. 社交媒体持续使用研究：以情感响应为中介［J］. 管理评论，28（9）：61-71.

陈辉，赵晓峰，张正新，2016. 农业技术推广的"嵌入性"发展模式［J］. 西北农林科技大学学报（社会科学版），16（1）：76-80，88.

陈明全，张世昌，仲鹭勃，等，2014. 我国配方肥推广途径、模式及转变施肥方式研究［J］. 中国农技推广，30（6）：33-35，46.

陈强，2014. 高级计量经济学及 Stata 应用［M］. 2 版. 北京：高等教育出版社.

陈姗姗，陈海，梁小英，等，2012. 农户有限理性土地利用行为决策影响因素：以陕西省米脂县高西沟村为例［J］. 自然资源学报，27（8）：1286-1295.

陈绍军，李如春，马永斌，2015. 意愿与行为的悖离：城市居民生活垃圾分类机制研究［J］. 中国人口·资源与环境，25（9）：168-176.

陈诗波，唐文豪，2013. 乡镇农技推广机构"三权归乡（镇）"管理模式分析：基于山东省枣庄市的实地调研［J］. 中国科技论坛（7）：28-33.

陈诗波，唐文豪，王甲云，2014. 以农业产业技术需求为导向推进基层农技推广体系改革：基于河北省迁安市的实地调研［J］. 中国科技论坛（12）：109-113.

陈奕山，2018. 1953 年以来中国农业生产投工的变迁过程和未来变化趋势［J］. 中国农村经济（3）：75-88.

陈渝，毛姗姗，潘晓月，等，2014. 信息系统采纳后习惯对用户持续使用行为的影响［J］. 管理学报，11（3）：408-415.

陈玉萍，吴海涛，陶大云，等，2010. 基于倾向得分匹配法分析农业技术采用对农户收入的影响：以滇西南农户改良陆稻技术采用为例［J］. 中国农业科学，43（17）：3667-3676.

陈柱康，张俊飚，何可，2018. 技术感知、环境认知与农业清洁生产技术采纳意愿［J］.

中国生态农业学报，26（6）：926-936.

程杰贤，郑少锋，2018. 政府规制对农户生产行为的影响：基于区域品牌农产品质量安全视角［J］. 西北农林科技大学学报（社会科学版），18（2）：115-122.

程名望，盖庆恩，Jin Yanhong，等，2016. 人力资本积累与农户收入增长［J］. 经济研究，51（1）：168-181，192.

仇焕广，栾昊，李瑾，等，2014. 风险规避对农户化肥过量施用行为的影响［J］. 中国农村经济（3）：85-96.

储成兵，2015. 农户病虫害综合防治技术的采纳决策和采纳密度研究：基于 Double-Hurdle 模型的实证分析［J］. 农业技术经济（9）：117-127.

褚彩虹，冯淑怡，张蔚文，2012. 农户采用环境友好型农业技术行为的实证分析：以有机肥与测土配方施肥技术为例［J］. 中国农村经济（3）：68-77.

串丽敏，何萍，赵同科，2016. 作物推荐施肥方法研究进展［J］. 中国农业科技导报，18（1）：95-102.

邓祥宏，穆月英，钱加荣，2011. 我国农业技术补贴政策及其实施效果分析：以测土配方施肥补贴为例［J］. 经济问题（5）：79-83.

董莹，穆月英，2019. 合作社对小农户生产要素配置与管理能力的作用：基于 PSM-SFA 模型的实证［J］. 农业技术经济（10）：64-73.

方松海，孔祥智，2005. 农户禀赋对保护地生产技术采纳的影响分析：以陕西、四川和宁夏为例［J］. 农业技术经济（3）：35-42.

冯晓龙，霍学喜，2016. 社会网络对农户采用环境友好型技术的激励研究［J］. 重庆大学学报（社会科学版），22（3）：72-81.

冯秀珍，马爱琴，2009. 基于 TAM 的虚拟团队信息沟通技术采纳模型研究［J］. 科学学研究，27（5）：765-769.

付长亮，李寅秋，2014. 基层农技推广队伍现状分析与发展建议［J］. 中国农技推广，30（11）：3-4，8.

高春雨，高懋芳，2016. 旱地测土配方施肥温室气体减排碳交易量核算［J］. 农业工程学报，32（12）：212-219.

高艺玮，金建君，王晓敏，2015. 农户风险偏好的实验经济学研究进展［J］. 安徽农业科学（18）：236-239.

高瑛，王娜，李向菲，等，2017. 农户生态友好型农田土壤管理技术采纳决策分析：以山东省为例［J］. 农业经济问题，38（1）：38-47，110-111.

葛继红，周曙东，朱红根，等，2010. 农户采用环境友好型技术行为研究：以配方施肥技术为例［J］. 农业技术经济（9）：57-63.

耿飙，罗良国，2018. 种植规模、环保认知与环境友好型农业技术采用：基于洱海流域上游农户的调查数据［J］. 中国农业大学学报，23（3）：164-174.

耿宇宁，郑少锋，陆迁，2017. 经济激励、社会网络对农户绿色防控技术采纳行为的影响：来自陕西猕猴桃主产区的证据［J］. 华中农业大学学报（社会科学版）（6）：59-69，150.

郭晓鸣，左喆瑜，2015. 基于老龄化视角的传统农区农户生产技术选择与技术效率分析：来自四川省富顺、安岳、中江3县的农户微观数据［J］. 农业技术经济（1）：42-53.

韩洪云，杨增旭，2011. 农户测土配方施肥技术采纳行为研究：基于山东省枣庄市薛城区

农户调研数据 [J]. 中国农业科学, 44 (23): 4962-4970.

韩军辉, 李艳军, 2005. 农户获知种子信息主渠道以及采用行为分析: 以湖北省谷城县为例 [J]. 农业技术经济 (1): 31-35.

韩俊, 2018. 以习近平总书记"三农"思想为根本遵循实施好乡村振兴战略 [J]. 管理世界, 34 (8): 1-10.

何安华, 刘同山, 孔祥智, 2014. 农户异质性对农业技术培训参与的影响 [J]. 中国人口·资源与环境, 24 (3): 116-123.

何可, 张俊飚, 张露, 等, 2015. 人际信任、制度信任与农民环境治理参与意愿: 以农业废弃物资源化为例 [J]. 管理世界 (5): 75-88.

何凌霄, 南永清, 张忠根, 2016. 老龄化、社会网络与家庭农业经营: 来自 CFPS 的证据 [J]. 经济评论 (2): 85-97.

贺爱忠, 李韬武, 盖延涛, 2011. 城市居民低碳利益关注和低碳责任意识对低碳消费的影响: 基于多群组结构方程模型的东、中、西部差异分析 [J]. 中国软科学 (8): 185-192.

侯纯光, 2017. 中国绿色化进程与绿色度评价研究 [D]. 济南: 山东师范大学.

侯建昀, 刘军弟, 霍学喜, 2014. 区域异质性视角下农户农药施用行为研究: 基于非线性面板数据的实证分析 [J]. 华中农业大学学报 (社会科学版) (4): 1-9.

侯晓康, 刘天军, 黄腾, 等, 2019. 农户绿色农业技术采纳行为及收入效应 [J]. 西北农林科技大学学报 (社会科学版), 19 (3): 121-131.

胡伦, 陆迁, 2018. 干旱风险冲击下节水灌溉技术采用的减贫效应: 以甘肃省张掖市为例 [J]. 资源科学, 40 (2): 417-426.

黄季焜, 胡瑞法, 智华勇, 2009. 基层农业技术推广体系 30 年发展与改革: 政策评估和建议 [J]. 农业技术经济 (1): 4-11.

黄腾, 赵佳佳, 魏娟, 等, 2018. 节水灌溉技术认知、采用强度与收入效应: 基于甘肃省微观农户数据的实证分析 [J]. 资源科学, 40 (2): 347-358.

黄炎忠, 罗小锋, 李容容, 等, 2018. 农户认知、外部环境与绿色农业生产意愿: 基于湖北省 632 个农户调研数据 [J]. 长江流域资源与环境, 27 (3): 680-687.

黄炎忠, 罗小锋, 刘迪, 等, 2019. 农户有机肥替代化肥技术采纳的影响因素: 对高意愿低行为的现象解释 [J]. 长江流域资源与环境, 28 (3): 632-641.

黄炎忠, 罗小锋, 2018. 既吃又卖: 稻农的生物农药施用行为差异分析 [J]. 中国农村经济 (7): 63-78.

黄元, 赵正, 杨洁, 等, 2019. 个体环境态度对城市森林感知和满意度的影响 [J]. 资源科学, 41 (9): 1747-1757.

黄祖辉, 钟颖琦, 王晓莉, 2016. 不同政策对农户农药施用行为的影响 [J]. 中国人口·资源与环境, 26 (8): 148-155.

纪月清, 张惠, 陆五一, 等, 2016. 差异化、信息不完全与农户化肥过量施用 [J]. 农业技术经济 (2): 14-22.

贾良良, 张朝春, 江荣风, 等, 2008. 国外测土施肥技术的发展与应用 [J]. 世界农业 (5): 60-63.

蒋琳莉, 张露, 张俊飚, 等, 2018. 稻农低碳生产行为的影响机理研究: 基于湖北省 102 户稻农的深度访谈 [J]. 中国农村观察 (4): 86-101.

孔凡斌，郭巧苓，潘丹，2018. 中国粮食作物的过量施肥程度评价及时空分异 [J]. 经济 地理，38（10）：201-210，240.

孔祥智，方松海，庞晓鹏，等，2004. 西部地区农户禀赋对农业技术采纳的影响分析 [J]. 经济研究（12）：85-95，122.

李谷成，冯中朝，范丽霞，2010. 小农户真的更加具有效率吗？来自湖北省的经验证据 [J]. 经济学（季刊），9（1）：95-124.

李后建，张宗益，2013. 技术采纳对农业生产技术效率的影响效应分析：基于随机前沿分 析与分位数回归分解 [J]. 统计与信息论坛，28（12）：58-65.

李俏，李久维，2015. 农村意见领袖参与农技推广机制创新研究 [J]. 中国科技论坛（6）：148-153.

李莎莎，朱一鸣，2017. 测土配方施肥技术推广对农户过量施肥风险认知影响分析 [J]. 农林经济管理学报，16（1）：65-73.

李莎莎，朱一鸣，马骥，2015. 农户对测土配方施肥技术认知差异及影响因素分析：基于 11 个粮食主产省 2 172 户农户的调查 [J]. 统计与信息论坛，30（7）：94-100.

李莎莎，朱一鸣，2016. 农户持续性使用测土配方施肥行为分析：以 11 省 2 172 个农户调研 数据为例 [J]. 华中农业大学学报（社会科学版）（4）：53-58，129.

李卫，薛彩霞，姚顺波，等，2017. 农户保护性耕作技术采用行为及其影响因素：基于黄 土高原 476 户农户的分析 [J]. 中国农村经济（1）：44-57，94-95.

李夏菲，杨璐，于书霞，等，2015. 湖北省油菜测土配方施肥下 N_2O 减排潜力估算 [J]. 中国环境科学，35（12）：3817-3823.

李晓静，陈哲，刘斐，等，2020. 参与电商会促进猕猴桃种植户绿色生产技术采纳吗？：基 于倾向得分匹配的反事实估计 [J]. 中国农村经济（03）：118-135.

李雅筝，2016. 在线教育平台用户持续使用意向及课程付费意愿影响因素研究 [D]. 合 肥：中国科学技术大学.

连玉君，廖俊平，2017. 如何检验分组回归后的组间系数差异？[J]. 郑州航空工业管理学 院学报，35（6）：97-109.

林家宝，鲁耀斌，卢云帆，2011. 移动商务环境下消费者信任动态演变研究 [J]. 管理科 学，2011（6）：93-103.

刘虹，裴雷，孙建军，2014. 基于期望确认模型的视频网站用户持续使用的实证分析 [J]. 图书情报知识（3）：94-103.

刘鲁川，孙凯，2011. 基于扩展 ECM-ISC 的移动搜索用户持续使用理论模型 [J]. 图书情 报工作，55（20）：134-137，148.

罗小娟，冯淑怡，石晓平，等，2013. 太湖流域农户环境友好型技术采纳行为及其环境和 经济效应评价：以测土配方施肥技术为例 [J]. 自然资源学报，28（11）：1891-1902.

马志雄，丁士军，2013. 基于农户理论的农户类型划分方法及其应用 [J]. 中国农村经济 （4）：28-38.

毛慧，周力，应瑞瑶，2018. 风险偏好与农户技术采纳行为分析：基于契约农业视角再考 察 [J]. 中国农村经济（4）：74-89.

毛南赵，梁小英，段宁，等，2018. 基于 ODD 框架的农户有限理性决策模型的构建及模 拟：以陕西省米脂县马蹄洼村为例 [J]. 中国农业资源与区划，39（5）：164-171，218.

倪国华，郑风田，2014. "一家两制"、"纵向整合"与农产品安全：基于三个自然村的案例研究［J］．中国软科学（5）：1-10.

彭军，乔慧，郑风田，2015．"一家两制"农业生产行为的农户模型分析：基于健康和收入的视角［J］．当代经济科学，37（6）：78-91，125.

乔丹，陆迁，徐涛，2017．社会网络、信息获取与农户节水灌溉技术采用：以甘肃省民勤县为例［J］．南京农业大学学报（社会科学版），17（4）：147-155，160.

秦明，范焱红，王志刚，2016．社会资本对农户测土配方施肥技术采纳行为的影响：来自吉林省703份农户调查的经验证据［J］．湖南农业大学学报（社会科学版），17（6）：14-20.

饶旭鹏，2011．国外农户经济理论研究述评［J］．江汉论坛（4）：45-50.

申红芳，廖西元，陈超，等，2012．基层农技推广的人力资源管理机制及其对推广行为的影响［J］．农业技术经济，（9）：19-27.

时立文，2012．SPSS 19.0统计分析从入门到精通［M］．北京：清华大学出版社.

史常亮，郭焱，朱俊峰，2016．中国粮食生产中化肥过量施用评价及影响因素研究［J］．农业现代化研究，37（4）：671-679.

舒畅，乔娟，2016．基于养殖废弃物肥料化的种植户施用关联效应研究［J］．农业技术经济（12）：32-42.

宋明顺，张华，2014．从农技推广到知识传播：农业标准化作用的新视角：以浙江省农业标准化为例［J］．农业经济问题，35（1）：37-42，110.

苏毅清，王志刚，2014．农户施用测土配方肥及效果满意度的影响因素：基于山东省平原县的问卷调查数据［J］．湖南农业大学学报（社会科学版），15（6）：25-31.

孙杰，周力，2019，应瑞瑶．精准农业技术扩散机制与政策研究：以测土配方施肥技术为例［J］．中国农村经济（12）：65-84.

孙生阳，孙艺夺，胡瑞法，等，2018．中国农技推广体系的现状、问题及政策研究［J］．中国软科学（6）：25-34.

谭秋成，2015．作为一种生产方式的绿色农业［J］．中国人口·资源与环境，25（9）：44-51.

陶帅平，蒋建华，2008．测土配方施肥持续发展的途径探析［J］．中国农技推广（2）：34-35.

田云，张俊飚，何可，等，2015．农户农业低碳生产行为及其影响因素分析：以化肥施用和农药使用为例［J］．中国农村观察（4）：61-70.

佟大建，黄武，应瑞瑶，2018．基层公共农技推广对农户技术采纳的影响：以水稻科技示范为例［J］．中国农村观察（4）：59-73.

童洪志，刘伟，2018．政策组合对农户保护性耕作技术采纳行为的影响机制研究［J］．软科学，32（5）：18-23.

王常伟，顾海英，2013．市场VS政府，什么力量影响了我国菜农农药用量的选择？［J］．管理世界（11）：50-66，187-188.

王欢，乔娟，李秉龙，2019．养殖户参与标准化养殖场建设的意愿及其影响因素：基于四省（市）生猪养殖户的调查数据［J］．中国农村观察（4）：111-127.

王甲云，陈诗波，2013．"以钱养事"农技推广体系改革成效分析：基于湖北江夏、襄阳和曾都三地的实地调研［J］．农业经济问题，34（10）：97-103.

王明新，吴文良，夏训峰，2010．华北高产粮区夏玉米生命周期环境影响评价［J］．环境科学学报, 30 (6): 1339-1344.

王世尧, 金媛, 韩会平, 2017. 环境友好型技术采用决策的经济分析: 基于测土配方施肥技术的再考察 [J]. 农业技术经济 (8): 15-26.

王舒娟, 蔡荣, 2014. 农户秸秆资源处置行为的经济学分析 [J]. 中国人口·资源与环境, 24 (8): 162-167.

王思琪, 陈美球, 彭欣欣, 等, 2018. 农户分化对环境友好型技术采纳影响的实证研究: 基于 554 户农户对测土配方施肥技术应用的调研 [J]. 中国农业大学学报, 23 (6): 187-196.

王秀东, 王永春, 2008. 基于良种补贴政策的农户小麦新品种选择行为分析: 以山东、河北、河南三省八县调查为例 [J]. 中国农村经济 (7): 24-31.

王钊, 刘晗, 曹峥林, 2015. 农业社会化服务需求分析: 基于重庆市 191 户农户的样本调查 [J]. 农业技术经济 (9): 17-26.

王祖力, 肖海峰, 2008. 化肥施用对粮食产量增长的作用分析 [J]. 农业经济问题 (8): 65-68.

温忠麟, 侯杰泰, 马什赫伯特, 2004. 结构方程模型检验: 拟合指数与卡方准则 [J]. 心理学报 (2): 186-194.

翁贞林, 2008. 农户理论与应用研究进展与述评 [J]. 农业经济问题 (8): 93-100.

文长存, 汪必旺, 吴敬学, 2016. 农户采用不同属性 "两型农业" 技术的影响因素分析: 基于辽宁省农户问卷的调查 [J]. 农业现代化研究, 37 (4): 701-708.

吴春梅, 陈文科, 2004. 农业技术推广领域中的政府支持与公共服务职能研究 [J]. 中国科技论坛 (2): 127-131.

吴九兴, 杨钢桥, 2014. 农地整理项目农民参与行为的机理研究 [J]. 中国人口·资源与环境, 24 (2): 102-110.

吴林海, 侯博, 高申荣, 2011. 基于结构方程模型的分散农户农药残留认知与主要影响因素分析 [J]. 中国农村经济 (3): 35-48.

吴明隆, 2010. 结构方程模型: AMOS 的操作与应用 [M]. 2 版. 重庆: 重庆大学出版社.

吴雪莲, 张俊飚, 何可, 等, 2016. 农户水稻秸秆还田技术采纳意愿及其驱动路径分析 [J]. 资源科学, 38 (11): 2117-2126.

〔美〕西奥多·W. 舒尔茨, 2006. 改造传统农业 [M]. 梁小民译. 北京: 商务印书馆.

夏雯雯, 杜志雄, 郜亮亮, 2019. 家庭农场经营者应用绿色生产技术的影响因素研究: 基于三省 452 个家庭农场的调研数据 [J]. 经济纵横 (6): 101-108.

谢贤鑫, 陈美球, 邝佛缘, 等, 2018. 农户化肥施用的基础认知与习惯认知研究: 基于江西省 2 068 份调查问卷 [J]. 生态经济, 34 (10): 202-208.

徐立成, 周立, 潘素梅, 2013. "一家两制": 食品安全威胁下的社会自我保护 [J]. 中国农村经济 (5): 32-44.

徐涛, 赵敏娟, 李二辉, 等, 2018. 技术认知、补贴政策对农户不同节水技术采用阶段的影响分析 [J]. 资源科学, 40 (4): 809-817.

许无惧, 1989. 农业推广学 [M]. 北京: 北京农业大学出版社.

徐勇, 邓大才, 2006. 社会化小农: 解释当今农户的一种视角 [J]. 学术月刊 (7): 5-13.

徐志刚, 张骏逸, 吕开宇, 2018. 经营规模、地权期限与跨期农业技术采用: 以秸秆直接还田为例［J］. 中国农村经济（3）：61-74.

许朗，刘金金，2013. 农户节水灌溉技术选择行为的影响因素分析：基于山东省蒙阴县的
　　调查数据［J］. 中国农村观察（6）：45-51，93.

薛彩霞，黄玉祥，韩文霆，2018. 政府补贴、采用效果对农户节水灌溉技术持续采用行为
　　的影响研究［J］. 资源科学，40（7）：1418-1428.

严奉宪，柳青，熊延虹，2012. 有限理性下农户减灾措施响应分析：基于湖北省农户调查
　　数据［J］. 农业技术经济，（3）：37-46.

颜廷武，张童朝，何可，等，2017. 作物秸秆还田利用的农民决策行为研究：基于皖鲁等
　　七省的调查［J］. 农业经济问题，38（4）：39-48，110-111.

杨博，赵建军，2016. 生产方式绿色化的技术创新体系建设［J］. 中国科技论坛（10）：
　　5-10.

杨帆，2006. 测土配方施肥技术在我国的发展与现状［J］. 中国农资（4）：60-61.

杨根福 2016. MOOC 用户持续使用行为影响因素研究［J］. 开放教育研究，22（1）：
　　100-111.

杨继东，章逸然，2014. 空气污染的定价：基于幸福感数据的分析［J］. 世界经济，37
　　（12）：162-188.

杨唯一，鞠晓峰，2014. 基于博弈模型的农户技术采纳行为分析［J］. 中国软科学（11）：
　　42-49.

杨旭，李竣，2015. 优化农技推广体系的内在经济逻辑分析［J］. 科学管理研究，33（3）：
　　88-91.

杨沅瑗，2014. 新型农业信息平台持续使用影响因素研究［D］. 南京：南京农业大学.

杨志海，2018. 老龄化、社会网络与农户绿色生产技术采纳行为：来自长江流域六省农户
　　数据的验证［J］. 中国农村观察（4）：44-58.

杨志海，王洁，2020. 劳动力老龄化对农户粮食绿色生产行为的影响研究：基于长江流域
　　六省农户的调查［J］. 长江流域资源与环境，29（3）：725-737.

殷欣，张明祥，胡荣桂，2016. 测土配方施肥对湖北省 N_2O 减排的贡献［J］. 环境科学学
　　报，36（4）：1351-1358.

应瑞瑶，朱勇，2015. 农业技术培训方式对农户农业化学投入品使用行为的影响：源自实
　　验经济学的证据［J］. 中国农村观察（1）：50-58＋83＋95.

于丽红，兰庆高，戴琳，2015. 不同规模农户农地经营权抵押融资需求差异及影响因素：
　　基于 626 个农户微观调查数据［J］. 财贸经济（4）：74-84.

余威震，罗小锋，黄炎忠，等，2019a. 内在感知、外部环境与农户有机肥替代技术持续使
　　用行为［J］. 农业技术经济（5）：66-74.

余威震，罗小锋，李容容，2019c. 孰轻孰重：市场经济下能力培育与环境建设：基于农户
　　绿色技术采纳行为的实证［J］. 华中农业大学学报（社会科学版）（3）：71-78＋
　　161-162.

余威震，罗小锋，李容容，等，2017. 绿色认知视角下农户绿色技术采纳意愿与行为悖离
　　研究［J］. 资源科学，39（8）：1573-1583.

余威震，罗小锋，唐林，等，2019b. 土地细碎化视角下种粮目的稻农生物农药施用行为
　　的影响［J］. 资源科学，41（12）：2193-2204.

郁建兴，高翔，2009. 农业农村发展中的政府与市场、社会：一个分析框架［J］. 中国社

会科学（6）：89-103＋206-207.

岳慧丽，2014. 基于 GIS 的县域农业技术效率分析方法研究 [D]. 北京：中国农业科学院.

〔美〕詹姆斯·C. 斯科特，2001. 农民的道义经济学：东南亚的反抗与生存 [M]. 程立显等译. 南京：译林出版社.

展进涛，陈超，2009. 劳动力转移对农户农业技术选择的影响：基于全国农户微观数据的分析 [J]. 中国农村经济（3）：75-84.

张聪颖，冯晓龙，霍学喜，2017. 我国苹果主产区测土配方施肥技术实施效果评价：基于倾向得分匹配法的实证分析 [J]. 农林经济管理学报，16（3）：343-350.

张聪颖，霍学喜，2018. 劳动力转移对农户测土配方施肥技术选择的影响 [J]. 华中农业大学学报（社会科学版）（3）：65-72，155.

张东伟，朱润身，2006. 试论农业技术推广体制的创新 [J]. 科研管理（3）：141-145.

张福锁，王激清，张卫峰，等，2008. 中国主要粮食作物肥料利用率现状与提高途径 [J]. 土壤学报（5）：915-924.

张福锁，2006. 测土配方施肥技术要览 [M]. 北京：中国农业大学出版社.

张复宏，宋晓丽，霍明，2017. 果农对过量施肥的认知与测土配方施肥技术采纳行为的影响因素分析：基于山东省 9 个县（区、市）苹果种植户的调查 [J]. 中国农村观察（3）：117-130.

张林秀，黄季焜，方乔彬，等，2006. 农民化肥使用水平的经济评价和分析 [C] 北京：中国环境科学出版社.

张瑞娟，高鸣，2018. 新技术采纳行为与技术效率差异：基于小农户与种粮大户的比较 [J]. 中国农村经济（5）：84-97.

张童朝，颜廷武，何可，等，2019. 有意愿无行为：农民秸秆资源化意愿与行为相悖问题探究：基于 MOA 模型的实证 [J]. 干旱区资源与环境，33（9）：30-35.

张卫红，李玉娥，秦晓波，等，2015. 应用生命周期法评价我国测土配方施肥项目减排效果 [J]. 农业环境科学学报，34（7）：1422-1428.

张秀平，2010. 测土配方施肥技术应用现状与展望 [J]. 宿州教育学院学报，13（2）：163-166.

张亚如，2018. 社会网络对农户绿色农业生产技术采用行为影响研究 [D]. 武汉：华中农业大学.

张振，高鸣，苗海民，2020. 农户测土配方施肥技术采纳差异性及其机理 [J]. 西北农林科技大学学报（社会科学版），20（2）：120-128.

赵保国，姚瑶，2017. 用户持续使用知识付费 APP 意愿的影响因素研究 [J]. 图书馆学研究（17）：96-101.

赵肖柯，周波，2012. 种稻大户对农业新技术认知的影响因素分析：基于江西省 1077 户农户的调查 [J]. 中国农村观察（4）：29-36，93.

郑风田，2000. 制度变迁与中国农民经济行为 [M]. 北京：中国农业出版社.

郑沃林，2020. 土地产权稳定能促进农户绿色生产行为吗？：以广东省确权颁证与农户采纳测土配方施肥技术为例证 [J]. 西部论坛，30（3）：51-61.

郑旭媛，王芳，应瑞瑶，2018. 农户禀赋约束、技术属性与农业技术选择偏向：基于不完全要素市场条件下的农户技术采用分析框架 [J]. 中国农村经济（3）：105-122.

周波，于冷，2010. 国外农户现代农业技术应用问题研究综述［J］. 首都经济贸易大学学报，12（5）：94-101.

周建华，杨海余，贺正楚，2012. 资源节约型与环境友好型技术的农户采纳限定因素分析［J］. 中国农村观察，(2)：37-43.

周洁红，2006. 农户蔬菜质量安全控制行为及其影响因素分析：基于浙江省 396 户菜农的实证分析［J］. 中国农村经济（11）：25-34.

周曙东，吴沛良，赵西华，等，2003. 市场经济条件下多元化农技推广体系建设［J］. 中国农村经济（4）：57-62.

朱月季，周德翼，游良志，2015. 非洲农户资源禀赋、内在感知对技术采纳的影响：基于埃塞俄比亚奥罗米亚州的农户调查［J］. 资源科学，37（8）：1629-1638.

朱兆良，2000. 农田中氮肥的损失与对策［J］. 土壤与环境（1）：1-6.

《中国农业技术推广体制改革研究》课题组，2004. 中国农技推广：现状、问题及解决对策［J］. 管理世界（5）：50-57，75.

〔俄〕A. 恰亚诺夫，1996. 农民经济组织［M］. 萧正洪译. 北京：中央编译出版社.

Adnan N，Nordin S M，Zulqarnain B A B，2017. Understanding and facilitating sustainable agricultural practice：A comprehensive analysis of adoption behaviour among Malaysian paddy farmers［J］. Land Use Policy，68：372-382.

Ajzen I，2002. Perceived Behavioral Control，Self-Efficacy，Locus of Control，and the Theory of Planned Behavior［J］. Journal of Applied Social Psychology，32（4）：665-683.

Ajzen I，1991. The Theory of Planned Behavior［J］. Organizational Behavior and Human Decision Processes，50（2）：179-211.

Al-Marshudi A，Kotagama H，2006. Socio-Economic Structure and Performance of Traditional Fishermen in the Sultanate of Oman［J］. Marine Resource Economics，21（2）：221-230.

Armitage C J，Conner M，1999. Distinguishing Perceptions of Control From Self-Efficacy：Predicting Consumption of a Low-Fat Diet Using the Theory of Planned Behavior1［J］. Journal of Applied Social Psychology，29（1）：72-90.

Bandiera O，Rasul I，2010. Social Networks and Technology Adoption in Northern Mozambique［J］. Economic Journal，116（514）：869-902.

Belderbos R，Carree M，Diederen B，et al.，2004. Heterogeneity in R&D cooperation strategies［J］. International Journal of Industrial Organization，22：1237-1263.

Besley T，Case A，1993. Modeling Technology Adoption in Developing Countries［J］. American Economic Review，83（2）：396-402.

Bhattacherjee A，Perols J，Sanford C，2008. Information Technology Continuance：A Theoretic Extension and Empirical Test［J］. Journal of Computer Information Systems，49（1）：17-26.

Bhattacherjee A，2001. Understanding Information Systems Continuance：An Expectation-Confirmation Model［J］. Management Information Systems Quarterly，25（3）：351-370.

BeheraK K，2012. Green Agriculture：Newer Technologies［M］. Nipa：New India Publishing Agency.

Bray R，1945. Determination of total，organic，and available forms of phosphorus soils [J]. Soil Science，59 (1)：39-46.

Brümmer T G，Lu W，2006. Policy reform and productivity change in Chinese agriculture：A distance function approach [J]. Journal of Development Economics，81 (1)：61-79.

Buehren N，Goldstein M，Molina E，et al.，2019. The impact of strengthening agricultural extension services on women farmers：Evidence from Ethiopia [J]. Agricultural Economics，50 (4)：407-419.

Chen Zhuo，Wallace E，2009. Huffman，Scott Rozelle. Farm technology and technical efficiency：Evidence from four regions in China [J]. China Economic Review，20 (2)：153-161.

Croppenstedt A，Demeke M，Meschi M M，2010. Technology Adoption in the Presence of Constraints：the Case of Fertilizer Demand in Ethiopia [J]. Review of Development Economics，7 (1)：58-70.

Cunguara B，Darnhofer I，2011. Assessing the impact of improved agricultural technologies on household income in rural Mozambique [J]. Food Policy，36 (3)：378-390.

Davis F D，1986. A technology acceptance model for empirically testing new end-user information systems：Theory and results [D]. Massachusetts：Massachusetts Institute of Technology.

Davis F D，1989. Perceived Usefulness，Perceived Ease of Use，and User Acceptance of Information Technology [J]. MIS Quarterly，13 (3)：319-340.

Davis F D，Venkatash V，2004. Toward pre-prototype user acceptance testing of new information systems：implications for software project management [J]. IEEE Transactions on Engineering Management，51 (1)：31-46.

Daxinia A，Cathal O'Donoghued，Ryan M，et al.，2018. Which factors influence farmers' intentions to adopt nutrient management planning? [J]. Journal of Environmental Management，224：350-360.

Freudenreich H，Oliver M，2018. Insurance for Technology Adoption：An Experimental Evaluation of Schemes and Subsidies with Maize Farmers in Mexico [J]. Journal of Agricultural Economics，69 (1)：96-120.

Gao Y，Liu B，Yu L，et al.，2019. Social capital，land tenure and the adoption of green control techniques by family farms：Evidence from Shandong and Henan Provinces of China [J]. Land Use Policy，89：104250.

Gao Y，Zhao D，Yu L，et al.，2020. Influence of a new agricultural technology extension mode on farmers' technology adoption behavior in China [J]. Journal of Rural Studies，76：173-183.

Greene H W，2008. Econometric Analysis [M]. New Jersey：Pearson Education.

Huang J K，Scott Rozelle，1996. Technological change：Rediscovering the engine of productivity growth in China's rural economy [J]. Journal of Development Economics，49 (2)：337-369.

Jacquet F，Butault J P，Guichard L，2011. An economic analysis of the possibility of reducing pesticides in French field crops [J]. Ecological Economics，70 (9)：1638-1648.

160

Jat R D, Jat H S, Nanwal R K, et al., 2018. Conservation agriculture and precision nutrient management practices in maize-wheat system: Effects on crop and water productivity and economic profitability [J]. Field Crops Research, 222: 111-120.

Jones R B, Wendt J W, 1995. Contribution of soil fertility research to improved maize production by smallholders in Eastern and Southern Africa [C]. In Jewell DC, Waddington SR, Ransom JK, Pixley KV (eds.), Maize Research for Stress Environments: Proceedings of the FourthEastern and Southern Africa Regional Maize Conference, Harare, Zimbabwe, 1994: 2-14.

Juan T C, Ole B, Stijn S, et al., 2018. Farmers' reasons to accept bio-based fertilizers: A choice experiment in seven different European countries [J]. Journal of Cleaner Production, 197 (1): 406-416.

Kamau M, Smale M, Mutua M, 2014. Farmer demand for soil fertility management practices in Kenya's grain basket [J]. Food Security, 6 (6): 793-806.

Kang Y S, Min J, Kim J, et al., 2013. Roles of alternative and self-oriented perspectives in the context of the continued use of social network sites [J]. International Journal of Information Management, 33 (3): 496-511.

Kassie M, Jaleta M, Shiferaw B, et al., 2013. Adoption of interrelated sustainable agricultural practices in smallholder systems: Evidence from rural Tanzania [J]. Technological Forecasting & Social Change, 80 (3): 525-540.

Klausner S D, Reid W S, Bouldin D R, 1993. Relationship between late spring soil nitrate concentrations and corn yields in New York. [J]. Journal of Production Agriculture, 6 (3): 350.

Kotler P, Keller K L, Ang S H, et al., 2001. Marketing Management, 5/E [M]. 北京: 清华大学出版社.

Koundouri P, Nauges C, Tzouvelekas V, 2010. Technology Adoption under Production Uncertainty: Theory and Application to Irrigation Technology [J]. American Journal of Agricultural Economics, 88 (3): 657-670.

Lai J, 2015. Perceived Risk As An Extension To TAM Model: Consumers' Intention To Use A Single Platform E-Payment [J]. Australian Journal of Basic and Applied Sciences, 9 (2): 323-331.

Lambert D M, English B C, Harper D C, et al., 2014. Adoption and frequency of precision soil testing in cotton production [J]. Journal of Agricultural & Resource Economics, 39 (1): 106-123.

Larochelle C, Alwang J, Travis E, et al., 2017. Did You Really Get the Message? Using Text Reminders to Stimulate Adoption of Agricultural Technologies [J]. Journal of Development Studies, 11: 1-17.

Larsen T J, Anne M S, Øystein S, 2009. The role of task-technology fit as users' motivation to continue information system use [J]. Computers in Human Behavior, 25 (3): 778-784.

Liang H, Xue Y, 2011. Understanding Security Behaviors in Personal Computer Usage: A Threat Avoidance Perspective [J]. Journal of the Association for Information Systems, 11

（7）：394-413.

Lin X，Featherman M，Sarker S，2017. Understanding factors affecting users' social networking site continuance: A gender difference perspective [J] . Information & Management，54（3）：383-395.

Luan H，Qiu H，2013. Fertilizer Overuse in China: Empirical Evidence from Farmers in Four Provinces [J] . 农业科学与技术（英文版），14（1）：193-196.

Ma W，Abdulai A，2018. IPM adoption，cooperative membership and farm economic performance [J] . China Agricultural Economic Review.

Ma W，Renwick A，Yuan P，et al.，2018. Agricultural cooperative membership and technical efficiency of apple farmers in China: An analysis accounting for selectivity bias [J] . Food Policy，81：122-132.

Maertens A，Barrett C B，2013. Measuring Social Networks' Effects on Agricultural Technology Adoption [J] . American Journal of Agricultural Economics，95（2）：353-359.

Marsh H W，Hau K T，Grayson D，2005. Goodness of Fit in Structural Equation Models [A] . Maydeu-Olivares A，McArdle J J. Contemporary Psychometrics: A Festschrift for Roderick P. McDonald [M] . Mahwah: Lawrence Erlbaum Associates Publishers.

Mcintosh J L，1969. Bray and Morgan soil test extractants modified for testing acid soils from different parent materials [J] . Agronomy Journal，61（2）：259-265.

Mehlich A，1984. Mehlich NO. 3 soil test extractant: a modification of Mehlich No. 2 extractant [J] . Communications in Soil Science and Plant Analysis，15：1409-1416.

Mehlich A，1978. New extractant for soil test evaluation of phosphorus，potassium，magnesium，calcium，sodium，manganese and zinc1 [J] . Communications in Soil Science and Plant Analysis，9（6）：477-492.

Miller A P，Arai Y，2017. Investigation of acid hydrolysis reactions of polyphosphates and phytic acid in Bray and Mehlich III extracting solutions [J] . Biology & Fertility of Soils，53（7）：1-6.

Morgan M F，1941. Chemical soil diagnosis by the universal soil testing system [J] . Conn. agric. stn. bull，450.

Ndiritu S W，Kassie M，Shiferaw B，2014. Are there systematic gender differences in the adoption of sustainable agricultural intensification practices? Evidence from Kenya [J] . Food Policy，49（1）：117-127.

Nezomba H，Mtambanengwe F，Rurinda J，et al.，2018. Integrated soil fertility management sequences for reducing climate risk in smallholder crop production systems in southern Africa [J] . Field Crops Research，224：102-114.

Oliver R L，1980. A Cognitive Model of the Antecedents and Consequences of Satisfaction Decisions [J] . Journal of Marketing Research，17（4）：460-469.

Olsen S R，Cole C V，Watanabe F S，1954. Estimation of Available Phosphorus in Soils by Extraction with Sodium Bicarbonate [M] . Washington DC，US Government Printing Office.

Omotilewa O J，Ricker-Gilbert J，Ainembabazi J H，2019. Subsidies for Agricultural

Technology Adoption: Evidence from a Randomized Experiment with Improved Grain Storage Bags in Uganda [J] . American Journal of Agricultural Economics, 101 (3): 753-772.

Raun W R, Solie J B, Johnson G V, et al. , 2002. Improving Nitrogen Use Efficiency in Cereal Grain Production with Optical Sensing and Variable Rate Application [J]. Agronomy Journal, 94 (4): 815-820.

Rurinda J, Mapfumo P, Wijk M T V, et al. , 2013. Managing soil fertility to adapt to rainfall variability in smallholder cropping systems in Zimbabwe [J] . Field Crops Research, 154 (3): 211-225.

Sherry L L, Larry P, Michele C M, et al. , 2005. Factors Affecting Perceived Improvements in Environmental Quality from Precision Farming [J] . Journal of Agricultural & Applied Economics, 37 (3): 577-588.

Shiferaw B, Kebede T, Kassie M, et al. , 2015. Market imperfections, access to information and technology adoption in Uganda: challenges of overcoming multiple constraints [J] . Agricultural Economics, 46 (4): 475-488.

Sims J T, 1989. Comparison of mehlich 1 and mehlich 3 extractants for P, K, Ca, Mg, Mn, Cu and Zn in atlantic coastal plain soils1 [J] . Communications in Soil Science & Plant Analysis, 20 (17-18): 1707-1726.

Skevas T, Stefanou S E, Lansink A O, 2012. Can economic incentives encourage actual reductions in pesticide use and environmental spillovers? [J] . Agricultural Economics, 43 (3): 267-276.

Soule M J, 2001. Soil Management and the Farm Typology: Do Small Family Farms Manage Soil and Nutrient Resources Differently than Large Family Farms? [J] . Agricultural and Resource Economics Review, 30 (2): 179-188.

Sparks P, Guthrie C A, Shepherd R, 1997. The Dimensional Structure of the Perceived Behavioral Control Construct [J] . Journal of Applied Social Psychology, 27 (5): 418-438.

Spellman D E, Rongni A, Westfall D G, et al. , 1997. Pre-sidedress nitrate soil testing to manage nitrogen fertility in irrigated corn in a semi-arid environment [J]. Communications in Soil Science & Plant Analysis, 27 (3-4): 561-574.

Stefan D, Luc C, 2010. Consumption risk, technology adoption and poverty traps: Evidence from Ethiopia [J] . Journal of Development Economics, 96 (2): 159-173.

Taylor S, Todd P A, 1995. Understanding Information Technology Usage: A Test of Competing Models [J] . Information Systems Research, 6 (2): 144-176.

Terry D J, O' Leary J E, 1995. The Theory of Planned Behavior: The Effect of Perceived Behavioral Control and Self-Effcacy [J] . British Journal of Social Psychology, 34: 199-220.

Theis S, Lefore N, Meinzen-Dick R, et al. , 2018. What happens after technology adoption? Gendered aspects of small-scale irrigation technologies in Ethiopia, Ghana, and Tanzania [J] . Agriculture and Human Values, 35 (3): 671-684.

Thijssen G, 1999. Econometric Estimation of Technical and Environmental Efficiency: An

Application to Dutch Dairy Farms [J] . American Journal of Agricultural Economics, 81 (1): 44-60.

UNEP, 2011. Towards a Green Economy: Pathways to Sustainable Development and Poverty Eradication [M] . Nairobi: United Nations Environment Program.

Venkatesh V, Morris M G, Davis G B, et al. , 2003. User Acceptance of Information Technology: Toward A Unifying View [J] . Management Information Systems Quarterly, 27 (3): 425-478.

Wainaina P, Tongruksawattana S, Qaim M, 2016. Tradeoffs and complementarities in the adoption of improved seeds, fertilizer, and natural resource management technologies in Kenya [J] . Agricultural Economics, 47 (3): 351-362.

Warfield J N, 1978. Binary matrices in system modeling [J] . IEEE Trans on Systems Man & Cybernetics, 3 (5): 441-449.

Xu H, Huang X, Zhong T, et al. , 2014. Chinese land policies and farmers' adoption of organic fertilizer for saline soils [J] . Land Use Policy, 38 (2): 541-549.

Yan W, Yuchun Z, Shuoxin Z, et al. , 2018. What could promote farmers to replace chemical fertilizers with organic fertilizers? [J] . Journal of Cleaner Production, 199 (10): 882-890.

Yue H P, Huang J Y, Chang C, 2015. Exploring factors affecting students' continued Wiki use for individual and collaborative learning: An extended UTAUT perspective [J]. Australasian Journal of Educational Technology, 31 (1): 16-31.

Zanardi O Z, Ribeiro L D P, Ansante T F, et al. , 2015. Bioactivity of a matrine-based biopesticide against four pest species of agricultural importance [J] . Crop Protection, 67: 160-167.

Zhang L, Li X, Yu J, et al. , 2018. Toward cleaner production: What drives farmers to adopt eco-friendly agricultural production? [J] . Journal of Cleaner Production, 184: 550-558.

Zhang Y, Zhang H L, Zhang J, et al. , 2014. Predicting residents \ " pro-environmental behaviors at tourist sites: The? role of awareness of disaster \ " s consequences, values, and place attachment [J] . Journal of Environmental Psychology, 40: 131-146.

Zhao Y, Deng S, Zhou R, 2015. Understanding Mobile Library Apps Continuance Usage in China: A Theoretical Framework and Empirical Study [J] . Libri, 65 (3): 161-173.

Zingore S, Murwira H K, Delve R J, et al. , 2007. Influence of nutrient management strategies on variability of soil fertility, crop yields and nutrient balances on smallholder farms in Zimbabwe [J] . Agriculture Ecosystems & Environment, 119 (1): 112-126.

图书在版编目（CIP）数据

农户绿色生产技术的初次采用与持续性行为研究 /
余威震，罗小锋著 . —北京：中国农业出版社，2024.4
ISBN 978-7-109-31904-2

Ⅰ.①农…　Ⅱ.①余…②罗…　Ⅲ.①农业生产—无
污染技术—研究—中国　Ⅳ.①S-01

中国国家版本馆 CIP 数据核字（2024）第 076241 号

中国农业出版社出版

地址：北京市朝阳区麦子店街 18 号楼
邮编：100125
责任编辑：贾　彬　　文字编辑：耿增强　贾　彬
版式设计：杨　婧　　责任校对：吴丽婷
印刷：北京中兴印刷有限公司
版次：2024 年 4 月第 1 版
印次：2024 年 4 月北京第 1 次印刷
发行：新华书店北京发行所
开本：700mm×1000mm　1/16
印张：11
字数：200 千字
定价：88.00 元